JN194725

限りなくベストに近いベターであれ。

No limit, do the Best.

世界トップクラスのＢＭＷ正規ディーラー

株式会社バルコム
代表取締役
山坂哲郎

はじめに

２０１７年（平成29年）12月14日、株式会社バルコムは50周年を迎えました。「外車の中でＢＭＷが今後の日本の主流になる」と確信して創業した先代社長であり、私の父である煙崎悦治郎が、株式会社バルコムヒロシマモータースを設立。広島市中区広瀬北町に本社を置き、ＢＭＷの正規ディーラーとして事業をはじめました。

私がバルコムに帰ってきたのは、25歳のとき。当時のバルコムは、まだ社員数20人程度の小さな会社でした。父は、私が28歳のときに亡くなりました。バルコムの経営を受け継いだ私はそれからというもの、まだまだ家業や商店の延長線上にあったバルコムを、きちんとした企業へ、そして一流企業へ成長させようと懸命にがんばってきました。

私が社長になった32歳のときに、広島県東部の福山エリアに進出し、いまでは岡山、山口、福岡、東京、そして中国へと展開。ＢＭＷのみならず、ＭＩＮＩ、ロールス・ロイス、ハーレーダビッドソンといった世界的にファンを持つ四輪・二輪の正規ディーラーとして、新車、中古車、修理、保険、レンタカーなどカーライフ全般をサポートする事業へと拡大してきました。

さらに飲食事業、不動産事業、流通事業などビジネスの分野は広がり、また、シンガポールで和牛専門の焼肉店を開くなど続々と新規事業に取り組んでいます。いまやバルコムはディーラービジネスを柱に、総合サービス業へと発展し、従業員数は９００人を超える組織となっています。

本書は、「山坂のキーワード」と呼ぶ、私が大切にしてきた考え方・哲学や、「28歳のときから30年以上、バルコムを一度も赤字にしていない」企業経営の中で学んだこと、そして、貧しかった少年時代~名門・広島商業高校野球部時代の壮絶な毎日をはじめ、私がこれまで歩んできた人生経験をまとめ直したものです。

実はこの「山坂のキーワード」は、私が30代前半のとき、ある銀行の支店から「講演してほしい」と依頼され、講演内容を考えている際にまとめたものです。その後、多くの講演会に呼んでいただいていますが、私はいつもこの話をするようにしています。つまり、あれから30年以上経ったいまなお、私が大切にしてきた考え方は、全くと言っていいほどブレていないのです。

ひょっとして、本書の内容は「当たり前」に見えることばかりかもしれません。「誰にでもできる」ことばかりと言っていいでしょう。しかし、「当たり前」に思うこと、「誰にでもできる」ことほど、やり続けるのが難しい。だから、素直に当たり前のことをやり続けること。自ら考え、自ら行動する力を身につけること。そうすれば必ず、人も企業も大きく成長していきます。

バルコムの経営理念は「４つの満足」お客様の満足・社員の満足・会社の満足・社会の満足です。これは私が20代のときに決めたもので、当初は「３つの満足」お客様の満足・社員の満足・会社の満足でスタートしましたが、翌年、何か足りないなと思い、「社会の満足」をプラスしていまの４つの満足になりました。社員みんなの満足こそがいい仕事を生み出し、それがお客様の満足を実現し、会社の満足、そして社会全体の満足につながっていく。

その理念を実現するための社訓に「限りなくベストに近いベター（何事も決してあきらめない完全主義）」を掲げています。ベストな状態（目標）に向かって、たえず挑戦し続ける。たとえベストに近づいたとしても、そのゴールまでの距離をもし拡大鏡で見ることができたとしたら、まだまだベストにまで距離があることがわかる。その差を縮めるために再びベストをめざし、決してあきらめることなく挑戦し続ける姿勢を表しています。

私だって、いつもベストな結果ばかりではありませんでしたが、常に改善を重ね、努力し続けながら着実にここまで成長することができました。そうして、バルコムに関わる人々、社員・お客様・取引先・すべての人々の「幸せの実現」をめざしてきたのです。

本書は、ビジネスマンや経営者の方々はもちろん、これから社会に出る人、がんばっているけれど結果が出ていない人にとりわけ読んでいただきたい。あなたの幸せの実現に向け、プラスになるヒントと勇気を与えられれば幸いです。

山坂哲郎

もくじ

第2章 学歴もセンスも関係ない！バルコム 仕事の原則

あいさつ、返事

「お金」について 239

「考え方」について 257

第1章

すべての原点と
バルコムの歩み

バルコム創業者、広商野球部、トップセールス…

バルコム創業者、父・煙崎悦治郎について

バルコムの会社設立は１９６７年（昭和42年）12月14日。赤穂浪士討ち入りの日と同じです。私の父、煙崎悦治郎（たばさき・えつじろう）が創業しました。ただ、私が１歳のときに母と離婚したので、父と一緒に暮らしたのはわずかの期間でした。

もともと父の実家は、１９４５年（昭和20年）８月６日に原子爆弾が投下されて壊滅するまで、広島市内で「煙久（たばきゅう）」という屋号の青果問屋を営んでいたようです。

長男で生まれた父は跡取りということで、小学校の頃は仕立てた学生服を着て通学するような育てられ方をしていたようです。小学校は広島大学の附属学校に入学。中学・高校もここに通いました。

そこではサッカー部に入り、現・全国高等学校サッカー選手権大会で全国制覇を果たしたときのメンバーだったと聞いています。そのメンバーの中には、のち

にサッカー日本男子代表チームが初めてワールドカップ出場を決めたときの日本サッカー協会会長・長沼健さんと、日本代表選手時代に「アジアの黒ヒョウ」と世界から評された木村現さんもいました。長沼さんと木村さんは父の一つ先輩でしたが、戦時中に一緒に疎開をしていたので先輩でも「ケン」「ゲン」と呼び捨てで呼ぶような仲のいい関係だったそうです。私が物心ついたとき、父が長沼さんからいただいた結婚祝いのティーポットが家にあったのを覚えています。

高校卒業後、父が進学したかったのは慶應義塾大学だったそうです。しかし、家業が原爆でダメになり、お金が多くかからない同志社大学に進学しました。ところが、大学は中退。広島に帰り、いろいろな営業の仕事をやりはじめました。知り合いの会社で家電を売ったり、三菱自動車の販売会社に入ってラビットというスクーターを中心に販売したり、紆余曲折しながら生計を立てていたようです。

創業のきっかけは外車や海外カメラなどを扱う商社との出会い

そんなある日、父は親友から「煙崎、これからの時代は外車だ」と言われ、三菱自動車の販売会社を退職。「日仏自動車」という個人会社を立ち上げました。当時のフランス車の代表格であるシトロエンをはじめ、イギリス車のジャガーなど、いろいろな外車を売りはじめました。

しかし当時、外車は価格が高く、あまり売れなかったようです。クルマのショールームもなく、広島市中区広瀬北町に事務所だけを構えていました。お客様もほとんど来ないから、事務所の裏でマージャンをするときもあり、来客があれば「ちょっと待っておいてくれ」と言って対応をしていたと聞いています。当時は実にのんびりとクルマの販売をしていたようです。

それにしても、クルマはあまり売れません。さすがに手を打たねば、と考えている頃、父はある会社の噂を聞きつけました。

その会社は、社長も専務もアメリカ人の「バルコムトレーディングカンパニー」

という商社。高級車のＢＭＷ、大型高級バイクのハーレーダビッドソン、カメラブランド・ライカの製品、オーディオ機器メーカー・シュアの製品など、世界的に評価が高いさまざまな製品を日本国内に輸入し、販売をしていました。

父が聞きつけたのは、その製品の中のひとつ、イタリア製のランブレッタというスクーターを輸入したのはいいが、かなり売れ残って困っているという噂。早速、父は東京のバルコムトレーディングカンパニーを訪ね、「三菱自動車の販売会社で営業をしていたとき、自分はラビットというスクーターを売っていた経験がある。そのランブレッタを自分に売らせてほしい」と交渉したそうです。そうして、売れ残って在庫になっていた約30台のランブレッタを広島で売りはじめ、一気に完売。その実績がバルコムトレーディングカンパニーに認められ、フェルナンデス専務（当時）がわざわざ広島にやってきて、「広島でＢＭＷを扱ってくれないか」と依頼されたそうです。

そんなフェルナンデス専務に、父は2つの条件を出したそうです。

「資本金はないので何とかしてほしい。あと、もし私がやるんだったら、バルコムという名前を使わせてほしい」。

「わかった。お金は貸すし、バルコムという名前も使っていい」とその条件は了承され、「バルコムヒロシマモータース」という名前で、父は会社を設立することができました。

会社設立当初、オーナーは父ですが、社長はフェルナンデスさんで、父は専務という体制。事務所は広瀬北町からほど近い寺町に場所を移し、事務所兼ショールームを作りました。ショールームには1台だけですが、実物のＢＭＷをようやく展示することができました。当時は1県1ディーラーというルールはなく、広島から西にはＢＭＷのディーラーがありませんでした。そこで父は、広島ではＢＭＷの販売を一般ユーザーに行い、山口県や九州地方では地元のクルマ販売店に向けてＢＭＷの卸業をはじめました。クルマは東京から名古屋まで、バルコム・トレーディングの人が運転してきて、そこからはバルコムヒロシマモータースの社員が運転して広島まで持ち帰ることもありました。当時は高速道路もなかったので大変だったようです。

１９７６年（昭和51年）12月、本社とショールームを広島市西区三篠に移転し、初めてクルマの整備工場も作りました。場所は広島トヨペット本社のすぐ横。他の外車ディーラーが撤退した後で、ショールームにはクルマを2台展示することができました。それまでは車両の販売しかできませんでしたが、これでＢＭＷの正規ディーラーとしてさらに本格的なサービスができるようになりました。

そのとき、私は大学４年生。父とは交流がはじまっており、卒業間近の私はバルコムヒロシマモータースでクルマの整備のアルバイトをさせてもらうようになっていました。そのうち西区三篠のショールームは手狭になり、向かい側のマンションの１階と2階を借りて１階はショールームにして、４台のＢＭＷを展示するようになりました。

家に水回りがないような、貧乏だった少年時代

ここからは私、山坂哲郎の話をしましょう。私は１９５５年（昭和30年）に広島市で生まれました。バルコム設立の12年前のことです。

父と母は、私が1歳のときに離婚。母は1歳の私を育てながら働くのが難しいということで、私は広島県北部の庄原市にある母の実家に預けられました。母の実家は「山新（ヤマシン）」という魚屋。そこで私は1歳から3歳まで、いとこのお兄さん、お姉さんたちとともに育ちました。だから私は、叔父さん、叔母さんのことを「お父ちゃん」「お母ちゃん」と呼んでいました。

私が3歳の頃のこと。母から「なんとか親子一緒で生活ができるようになった」という知らせが入り、広島市の母のもとに戻ることにしました。ちょうどその頃、私の叔父が営んでいた「山新」が倒産し、祖母も実家があった広島市南区丹那に戻ることになりました。その実家は原爆が投下されるまで、それはもう立派な大きな屋敷だったそうですが、私と母、祖母が3人で住むことになったのは、原爆で焼き尽くされた屋敷の廃材で建てられた家。1階は6畳、2階も6畳。ただし2階には、それまで面識がなかった祖母の兄の息子さんが住んでおり、私たち家族3人が暮らすスペースは1階の部屋のみ。しかも、息子さんが外出するときは、私たちの部屋を通っていくという、いま思えば不思議な共同生活のような暮らしでした。

家には水回りがありませんでした。だから料理は、敷地内にある畑の横にあった小屋に設置していた水場で調理。料理はそこから家の中に持ってきて、食事をしていました。風呂はなかったので、お隣さんの家にあった五右衛門風呂に入らせてもらうような生活でした。近くにカキの養殖をしていた祖母の兄の家があり、ときには食事や入浴をさせてもらうことがありました。

いま思えば、とても貧乏な暮らしでした。でも、当時は全く貧乏だとは思わず、一度も不幸だと思ったことはありません。悲観することもなく、それが普通であり、世間の当たり前なのだろうと思っていました。高度成長期前のことであり、世の中全体が貧しかったのです。何より、母と祖母との暮らしは本当に楽しかった。愛情がいっぱいで、毎日がとても温かく幸せだったのです。

当時、私は父とは会っていません。母からは「あなたのお父さんは、遠くに働きに行っているんよ」と言われていました。私は小学校に入る前は保育園に入っていましたが、お道具箱には「たばさき・てつろう」と書いてあったのを記憶しています。

私の苗字が「山坂」になったのは、小学校に入るとき。母と苗字が違ったらやっかいだろうということで、母の旧姓の「山坂」になったようです。

父と初めて出会ったのは、私が小学4年生のとき。たまたま母と道を歩いていたら、フランス車のシトロエンが私たちの目の前に止まりました。母は運転をしていた男性と会話をして、そのまま私たちはそのクルマに乗り、次の目的地まで送ってもらいました。

クルマを降りてその男性と別れた後、母に「いまの人は誰?」と聞いたら、「あの人が、あなたのお父さんよ」と知らされました。それまで母は「お父さんは遠くに働きに行っている」と話していたので、私は「お母さんは、いままで嘘をついていたんだ!」と強く激しく、母を問い詰めたのをいまでも覚えています。それから少しずつ、父と行き来をするようになり、勉強机や卓球台を買ってもらいました。小学校の頃の父との思い出はその程度のものですが、うれしかったですね。

人生に大きく影響を与えた野球、そして恩師たちとの出会い

私は小学校の頃に巨人の長嶋茂雄選手に憧れてソフトボールをやりはじめ、すっかり野球の魅力にはまり、夢中になっていました。私は母の職場に近いということで広島市立本川小学校に越境入学しましたが、小学4年生のときのある日、地元のソフトボール大会で広島市立楠那小学校チームの人数が足りないということでチームに誘われ、試合に出させてもらいました。そのとき、結構うまかったのでしょう。翌年5年生のときも誘われて6年生のチームに入って出場。６年生のときは、遂に南警察署管内のソフトボール大会で優勝することができました。本川小学校でも学区外に関わらずチームに入れてもらい、本川小学校学区別ソフトボール大会でも優勝しました。

中学校の入学前の春休みには、翠町中学校の軟式野球部顧問の木村勝先生に呼ばれて、「必ず野球部に入れ」と誘ってもらいました。が、「はい」と言って家に帰ったら、祖母からひどく怒られました。「勉強ができなくなるから、野球なんか

しちゃダメじゃ」と。それで仕方なく、野球部ではなく、卓球部に入部。すると、野球部顧問の木村先生から毎日のように休憩時間に体育教官室に呼ばれ、「お前は嘘つきじゃ。野球部に入れ」と勧誘され続けました。最後は、私の担任の先生も木村先生に言われて私の家を訪問し、「野球部に入ってほしい」と言って、祖母と私は説得されました。

そういうこともあり、私も野球が大好きだったので結局、野球部に入りました。レギュラーになったのは2年生からで、5番を打たせてもらいました。本来の守備はサードだったのですが、キャプテンで4番の先輩がサードだったので、私はサードの練習をした後に、レフトの守備練習をして、試合にはレフトで出場していました。3年生になると3番サードでキャプテンになり、野球一筋の毎日でした。この頃から試合があるときは、父はこっそり観戦に来て、私の写真を撮ってくれていました。

3年生の秋の広島市総合体育大会が終わったときのことでした。木村先生から「お前はまさか、野球をやるために広島県立広島商業高校（以下、広商）に行こうと思うとるんか」と質問されました。「はい、そうです」と私は即答。すると先生に「お前は大学に行かないといけないんだから、広商はあきらめなさい。野球はせずに、勉強して大学に行きなさい」と言われました。

私は広商をあきらめ、めざしたのは公立高校の普通科。広島国泰寺高校に高校入試の願書を出し、受験勉強に取り組んでいました。

しかしそんな中、ある人物が自宅を訪ねるようになりました。私を勧誘するため、母のもとに会いに来られていました。

その人の名は、広商野球部の迫田穆成（さこだ・よしあき）監督。いまは如水館高校野球部の監督です。迫田監督は高校時代に全国制覇を経験し、監督としても、私の一つ下の学年で春の甲子園大会で準優勝、その年の夏の甲子園大会には全国制覇を成し遂げた名将として知られる監督です。

そんな迫田監督が何度か家を訪ねて母に会い、「息子さんを、ぜひ広商野球部にほしい」と誘ってくれている。私は悩みました。あの広商野球部が、この私に声をかけている。一方、学校の勉強の成績もいい方でしたから、大学には必ず進学したい・・・。悩んだ末、決断しました。高校入試の願書差し替えの日、私は母にこう言いました。

「大学に行けなくても後悔しないから、広商で野球をやらせてください！」。

そうして母と祖母を説得した私は広商に入ることになり、入学式の前から野球部の練習に参加しました。子どもの頃からの夢である、あの甲子園出場をめざして。

しかし、それから間もなくのことです。覚悟していた以上の想像を絶する、厳しい日々がはじまることになったのは――。

伝統の広島商業高校野球部に入部。夢の甲子園をめざす

「人生で最も辛かったのはいつですか？」と聞かれたら、私は迷わず、「高校1年生の1年間です」と答えます。とても辛い1年間でした。63歳になったいまなお、これまでの人生で最も辛く、長く感じた1年間でした。これほど長かった1年間はありません。

練習量は高校野球界屈指。とにかく厳しい。全国制覇をめざすチームの練習は想像をはるかに超えていました。

しかも当時は、先輩から徹底的な「説教」がありました。いまでは問題になるような指導が毎日繰り返され、「もう殺されるんじゃないか」と恐怖心でいっぱいでした。毎年1年生は60人から80人ぐらい入部しますが次々と辞めていき、残るのは15人程度。私は歯を食いしばり、凄まじい毎日をなんとか1年間耐え抜きました。この長すぎた1年間を生き抜いた経験が自信となり、その後の自分の人生において大きな糧となりました。

「この1年間を耐え抜くことができた。だから自分は今後、何が起きても、たとえどんな困難なことがあっても大丈夫」。

いかなる状況であっても、自分はがんばることができる。そんな絶対的な自信を持つことができたのです。

1年生の秋になり、新チームになるとすぐにベンチ入り。試合にも、たまに出させてもらうようになりました。

最上級生になると広商野球部のキャプテンという責任を与えられました。そうして新チームで初めてのぞんだ秋の大会。広島県大会の決勝戦では広陵高校と戦って勝ち、見事に優勝。春の選抜甲子園大会の出場をかけて挑んだ中国大会では、1回戦で山口県立柳井高校に惜敗。残念ながら春の甲子園大会に出ることができませんでした。

私たちは、さらに厳しい練習に挑みました。あれだけの地獄の1年生生活を乗り越えたのに、もう決して負けるわけにはいかない。毎日これだけやって甲子園に出られないはずはない。そうして、最後の甲子園をめざしてのぞんだ夏の広島県予選大会。2回戦で広陵高校に敗退しました。その年、夏の甲子園に出場したのは広陵高校。結局、私は一度も甲子園の土を踏むことはできませんでした。

秋の中国大会1回戦で私たちに勝った山口県立柳井高校は、夏の甲子園大会で準優勝しました。私たちは柳井高校とは練習試合・公式戦を合わせて4試合戦い、対戦成績は1勝2敗1引き分けでした。この柳井高校に勝って夏の甲子園大会で優勝したのは大分県立津久見高校。このチームとは練習試合で戦い、2対1で勝ったことがありました。

つまり、私たちが出場できなかったこの夏の甲子園大会の決勝戦は、私たちが勝ったことがあるチーム同士が対戦したわけです。私たちだって甲子園出場はおろか、優勝することだって、決して不可能なことではなかったはず。その差は一体何だったのだろう？　そんなことを考えたのを覚えています。

私の学年の一つ下には、元・広島カープの名捕手であり、監督も経験した達川光男くんがいました。このチームは春の甲子園大会で準優勝。当時〝怪物〟と騒がれていた作新学院（栃木県）のエース、江川卓（元・読売ジャイアンツ）と対戦し、果敢に江川の剛速球を攻略して撃破した試合は、いまでも語り草になっています。夏の甲子園大会では見事全国制覇を成し遂げました。

迫田監督という同じ指導者のもと、同じような厳しい練習をして、私たちは１度も甲子園に出ることができませんでした。一方、一つ下の学年のチームは甲子園に２度も行き、２度とも決勝戦まで進むことができました。

後輩たちの華々しい姿を見て、私は「よし、絶対に社会に出てからは負けないぞ」という強い決意を持ちました。

もうひとつの夢、それは東京六大学で野球をすること

甲子園大会出場をめざした高校最後の夏、広島県予選大会2回戦で敗北。私たちは7月にチームから引退しました。とても残念で悔しかったのですが、私には甲子園出場とともに、もうひとつ夢がありました。それは、東京六大学で野球をすることでした。

しかし、私の高校生活は野球漬けの毎日であり、商業科に在籍していたので2年半は全く受験対策の勉強をしていません。そんな私は父に、進学する大学について相談しました。その頃、父は私たちの試合を観戦に来ては写真を撮ったり、私もたまに父の家に立ち寄ったりしていました。「東京六大学で野球をやりたい」という私に父は、「受験したらどうだ」と言ってくれました。そうしていろいろと

調べてくれ、立教大学野球部のセレクションを受けることに決めました。

ところが、広商の畠山野球部長から父に連絡が入り、「立教大学の合格は保証できない。早稲田大学の教育学部体育科を受けなさい。野球部推薦なら大丈夫だろう」と父は説得され、早稲田大学一本に絞って受験勉強に挑むことになりました。

実は、私はその頃にはもうすでに、将来は商売をしたいと思っていました。だから早稲田大学の教育学部ではなく、商学部の合格をめざして勉強しはじめました。野球ばかりの生活だった私には、まだ合格する学力はありませんでしたが、「チャレンジしてみよう！」と意気込みました。

早稲田大学商学部をめざし、1日16時間の受験勉強に挑む

夏の甲子園をめざした広島県大会が７月後半に終わり、８月１日から私は東京へ。高校の国語教師をしていた叔母の家に居候し、受験勉強をスタートさせまし

た。夏休みの間はずっと、ここで受験勉強のみの生活に集中。1日の睡眠は朝方と夕方に4時間ずつ2回とり、残りの時間はすべて勉強のみ。こうした1日16時間にも及ぶ受験勉強を、8月1日から受験直前まで毎日半年間続けました。

私はそれまで野球ばかりの毎日で、最初の頃は勉強机についてもなかなか勉強に集中することができません。勉強をはじめても勉強が手につかずすぐにトイレに行く、しばらく勉強をしていると、また勉強に手がつかず水を飲みに行く。しばらくはこの繰り返しでした。しかし、叔母の家はテレビのない家で、勉強するしかない環境。次第に野球をする体から勉強する体に変化し、集中して勉強できるようになりました。

国語教師だった叔母からは、現代国語と古典、漢文を徹底的に教えてもらいました。ちなみに叔母は、大女優の吉永小百合さんが通っていた精華学園でも教鞭をとっていたそうです。いまはバルコムに来てもらい、敬語の使い方や手紙の書き方などの社内向け一般教養講座の教育指導をしてもらっています。

社会科教師だった叔母の親友の旦那さんには、政治・経済を教えてもらいました。さらにその弟さんが上智大学英文科卒業後の留学先からちょうど帰国して時間に余裕があったようだったので、英語を教えてもらいました。

受験勉強をはじめた頃の私の英語の学力というと、たとえば文法の問題集をやっても、前置詞の問題が10題あれば、当てずっぽうで１つか２つ正解になるかどうか程度。本当にさっぱりわからない。なので東京では受験勉強のほとんどの時間は、英語の勉強に取り組みました。夏休みが終わって広島に戻ってからも英語に力を入れ、広島大学大学院の英文科の学生さんに英語だけは家庭教師についてもらい、とにかく１日16時間の勉強を毎日続けました。

当時の広商は非常に理解があり、私は授業中でも、ずっと受験勉強をしていました。ソロバンの授業のときに受験の問題集をやっていると、先生は私を叱らず、「お前、受験勉強をがんばっとるか」と応援の言葉をかけてくれていました。「がんばっています」と私が返事をすると、「今日は悪いがソロバンのテストだけは受けてくれ」と言われ、テストだけを受けたこともありました。

家族や親せき、その知人、学校・・・などまわりの多くの人たちの協力と理解があって、１日16時間の勉強を毎日続けることができたのです。

私は怖がりです。高校に入学して2年半、ほとんど勉強をしていなかったので、勉強をしていないと不安になる。だからずっと勉強し続けました。英語の文法の問題集は同じ問題集を3回解くなど、繰り返し繰り返し勉強に取り組み、そんな毎日の努力の成果が表れはじめ、成績がぐんぐん上がってきました。特に英語の点数は大きく伸びていきました。9月中旬に受けた模擬試験は約25点でしたが、10月に約35点、11月、12月に約50点。1月5日の模擬試験で初めて長文読解が解けて、70点ぐらいが取れるようになっていきました。

母が「すべり止めで他の私立大学も受験しておきましょうか」と広商の畠山野球部長に相談すると、「受ける必要なし。早稲田大学一本でいきなさい」と言われました。一本に絞った早稲田大学の合格をめざして猛勉強に励んでいました。

そんなある日、中学の同級生の女の子に偶然会いました。彼女も受験組とのこと。「山坂くんはどこの大学を受けるの?」と聞かれ、早稲田大学だけを受けると答えると、「え!? なんで広島大学を受けないの?」と言われました。

「とてもじゃないけど合格しないよ。5科目の受験勉強はさすがに無理。自分は野球ばっかりやってきたんだから」。

「広島大学でも入りやすいところがあるよ。高等学校の教員をめざす教育学部の体育科なら学科3科目と実技で受けられるから、山坂くん、行けるんじゃない⁉」。

その年の前後数年間、たまたま広島大学教育学部の体育科の受験科目は、私学と同じ3科目＋実技のみ。これなら私も受験できる。「力試しで受けてみようかな」と早稲田大学だけではなく、広島大学も受験することに決めました。また、そのとき私は早稲田大学の合格が大丈夫と思っていたので、そもそも広島大学に行く気はなかったのですがこう考えていました。もし、私が広島大学に合格すれば、国立大学に行くために、広商に入って野球をすることをあきらめている中学生たちに対して、「広商で野球をしても、国立大学に合格することができるんだ」ということを見せることができると思ったのです。そうして、広商には広島大学の願書が届かないので、広島大学に自分で願書を取りに行ったことをいまでも覚えています。いよいよ、人生を大きく左右することになる、大学の受験日が近づいてきました。

国立広島大学に、広島商業高校硬式野球部で初めての現役合格

将来、商売をするために受験した早稲田大学の商学部は10点足りず、不合格になりました。早稲田大学はもうひとつ、野球部推薦で「合格は大丈夫」と太鼓判を押されていた教育学部体育科も受けましたがそちらもダメでした。

早稲田大学のセレクションを受けた人たちの中には、練習試合で対戦したことがある報徳学園高校（兵庫県）野球部のキャプテンをしていた松本匡史選手がいました。彼はのちに巨人に入団し、〝青い稲妻〟と呼ばれて活躍した選手。セ・リーグの年間最多盗塁の記録をいまだに保持している名選手です。

彼は合格していました。たぶん彼はあまり勉強をしてなかったと思うのですが（笑）、早稲田大学で野球をすることになったようです。一方、私は「合格は大丈夫」と言われていたのに落とされた。必死に1日16時間の勉強を毎日続けていたにも関わらず・・・。とても残念で悔しい思いをしました。「甲子園」という夢が叶わなかった夏に続き、またしても「東京六大学」という夢が叶わない。私は当

然のように浪人を決意。来年、東京六大学のどこかの大学の合格をめざすつもりでいました。

ところが、思いも寄らないことが起きました。受かるはずもないと思っていた広島大学に、なぜか合格していたのです。「私はどうするべきなのか?」。一瞬悩みましたが、やはり強かったのは「東京六大学で野球をしたい」という思い。春休みには再び東京に行き、大学の予備校に通いはじめました。

ちょうどその頃、春の甲子園大会があり、広商が出場。1回戦、2回戦と順当に勝ち進んでいき、私の気持ちは勉強どころではない心境でした。

そこで叔母にお願いしました。「予備校をさぼることになるけれど、甲子園まで広商を応援に行かせてほしい」。そう言って甲子園に向かい、後輩たちを応援したのち、そのまま広島に帰りました。

4月に入ってから、また東京の予備校に行こうと思っていました。しかし、まわりの人たちが私を説得しはじめました。

「せっかく広島大学に受かったんだから入学した方がいい」「東京六大学の受験

は、広島大学に通いながら考えればいいんだから」。

確かにそうかなと。また、こんな思いもありました。当時、広商からは広島大学のような国立大学には進学できないというイメージがあったので、それを変えたいという使命感のようなものもあったのです。

私はとりあえず広島大学に入学することに決めました。しかし、すぐには硬式野球部に入部しませんでした。どうしても東京六大学の夢を捨てきれなかったのです。

そんなとき、いろいろな人たちが親身になって私を説得してくれました。私のために時間をとってくれたのです。おかげで私は頭を切り替えることができました。「広島大学でがんばろう」と。そうしてすぐに硬式野球部に入部し、1週間後には試合に出場。そのシーズン、広島六大学野球リーグで広島大学硬式野球部は2度目の優勝を果たし、全日本大学野球選手権に初めて出場することもできました。1回戦で同志社大学と対戦しましたが、残念ながら敗れてしまいました。後に中日ドラゴンズに入団した田尾安志さんが投手として投げられていました。

3年の秋からは高校のときと同様、キャプテンを務めました。このシーズンは広島六大学野球リーグで優勝し、中国・四国地区代表決定戦にも勝ったので、憧れの明治神宮野球大会に初出場することができました。ただし、私の目標は出場すること自体ではなく、試合に勝ち進むこと。広島大学硬式野球部は、全国では強いチームではありませんでしたが、私は勝ちにこだわり、どうすれば勝てるのかを考え抜きました。１回戦の対戦相手は日本体育大学。そこに勝つために、東洋大学に進学していた広商野球部の一つ下、元・広島カープの達川光男くんにお願いして日本体育大学の資料をもらって、試合前夜はそれをもとに綿密に作戦をたてたてのぞみました。０対１の接戦で敗れましたが、とてもいい試合となりました。

早稲田大学に入学できず、東京六大学で野球ができなかった私ですが、このような貴重な経験と思い出を作ることができたのは広島大学に入学したおかげです。親身になって私を説得してくださった人たちに感謝です。

大学卒業後、営業の勉強をするため、広島マツダに入社

大学卒業後の進路については、「広商の教師となり、野球部の監督になる。そして甲子園をめざす」、これもひとつの選択肢でした。広島大学に入学したときに、広商の西本校長先生から「大学卒業後は広商に帰ってきてほしい」と言われたこともあり、そんなことも考えましたが、私が最もやりたかったのはやはり商売。計算すれば自分の一生分の給料がある程度わかってしまう教員よりも、自分の力で勝ち取ってみたい。また、商売をしていた父の姿に魅力も感じていました。だから大学時代にはもう、「将来は、父が立ち上げたバルコムヒロシマモータースに入る」。そう私は心に決めていました。

ただ、「まずはどこか他の会社で勉強しておいた方がいい」という父のアドバイスで、入社先に選んだのは、マツダの正規ディーラーである広島マツダ。この会社だとクルマの営業の勉強ができ、しかも野球部があったのでノンプロで野球ができる。私にとっては願ってもない環境で、社会人をスタートさせることができ

ました。

広島マツダでは仕事をしながら、夕方から野球の練習をする日々。シーズン中は15時15分にタイムカードを押して退社し、野球の練習に取り組んでいました。私は1年目からレギュラーになり、試合に出ていました。１年目の打順は7番、8番あたり。２年目からは社会人野球のスピードに慣れてきて、１番バッターになることができました。

広島マツダの営業マンは、販売成績に応じてメーカー表彰制度がありました。入社すぐの新入社員も対象です。

「入社して研修後7月から４カ月で16台のクルマを売ったら新人の表彰を受け、新人銀バッチをもらえる」。

それを聞いた私は、まずはその賞を狙い、営業活動をがんばって16台を販売。きっちりと新人銀バッチを獲得しました。

「次に、入社して半年目から1年半の1年間は、販売台数が70台以上で銀バッチ、１００台以上で金バッチをもらって表彰される」。

しかし私は、この賞については本気で狙っていませんでした。野球をしていましたし、個人に与えられていた目標販売台数は1カ月に4、5台。11カ月が終わった時点で、この目標は十分にクリアしていましたから。

しかしそんなある日、私は本気になりました。きっかけは、父が私に言ったひと言。父から「仕事の調子はどうだ?」と聞かれ、「クルマの販売も野球もがんばってる」と答えました。続けて父はこう言いました。

「メーカー表彰はどうなんだ? 今回も獲得できそうか?」。

私は言いました。「そりゃ無理よ、あと1カ月しかないし。入社してまだ約1年半で、野球もある。銀バッチがもらえる70台までは売れないけど、60台はいけると思う」。

そのとき11カ月がたち、57台のクルマを販売済み。私は1カ月平均5台以上を売り、残り1カ月で安心していました。しかし、あと13台以上を売れば、銀バッチを獲得できる。そんな状況の私に、父は言い放ちました。

「お前はつまらんのう。わしだったら銀バッチを狙うで! 銀バッチを狙うなら今から来月10日までが勝負。来月の10日までお客様のところを歩いてみろ」。

そのときはもう月末でしたが、最後に父はこう言いました。「うちの会社で1台買ってやるぞ」。

私はそれ以来、一生懸命、営業で歩きました。日にちがなかったので、難しいと思われましたが決してあきらめることなく営業しました。

結果、13台を販売し、販売台数が70台となり、本当に難しいと思っていた銀バッチを獲得することができました。このときの１カ月間で10台以上を販売することができたのが、その後の営業という仕事をするにあたって大きな自信となりました。

マツダ車を１ヵ月10台販売する目標を立て、さらに宣言

翌年度のスタート前に、営業所長から「半年間の売り上げ目標設定を出すように」と通達がありました。私は前年度の最後の１カ月に、13台を売った経験が自信になっていました。「やればできるじゃないか」と。

そこで私が自ら立てた販売目標は1カ月10台。ほかの先輩たちは、あれこれ悩んで1カ月ごとに「この月は5台、この月は7台で」と提出していましたが、私はさっさと書いて一番に提出しました。めざすは1カ月に10台、半年間で合計60台を売る。最終的な目標は1年間で120台を売ること。金バッチの獲得は1年間で100台だったので、それを大きく上回る販売目標を立てました。

営業所長には「今年は120台をめざします」と宣言。さらに、広島マツダのトップセールスの存在を意識しはじめていました。

その当時のトップセールスは本社の係長。毎年、年間100台以上ものクルマを販売する、広島マツダが誇る凄腕営業マンでした。

「この人と勝負したい」。私は入社2年目の秋、生意気にもそんな壮大な目標を立てました。私は営業所長に、「本社のトップセールスの係長が、毎月何台売ったのか教えてください」とお願いして、この先輩に勝てるように、毎月がんばって追いかけることにしました。

当時を思い出したとき、「ちょっと自分にまだ根性が足りなかったなあ」と思うのは、1カ月に10台以上のクルマが売れたとき10台にとどめて、それ以上の受注台数があればそれを受注残として翌月に回したこと。そうして当初の目標通り、１カ月に約10台ずつのペースで売り続けました。

途中、１カ月の販売台数が7台、８台の月が1回ずつありましたが、「この調子でいけば、金バッチが獲得できる１００台以上はいけるかな」と思っていました。が、それが11カ月目に、どういうわけか、サボったわけでもないのですが販売台数がたったの３台。その月が終わった時点で、年間の販売台数は98台になりました。それまで私と僅差でトップを争っていたトップセールスの本社係長には、ここで一気に差をつけられました。そしてもう一人、呉営業所の係長も私の販売台数を上回っていました。

残り1カ月。目標台数１２０台まで残り22台・・・。

「もう、いいわ」。

さすがに心の中で弱音を吐きました。

「毎月追いかけてきた本社の係長と、呉の係長と勝負していたけど負けたわ。私はよくがんばった。残り２台以上、合計１００台以上のクルマを売って、金バッチをもらえればそれでいい」。

最後の1カ月がはじまる前日、私にあるのは、あきらめムードでした。

そんな中、私が所属する営業所全体の単月販売が2年ぶりに目標を下回ってしまい、所長から営業所全員に集合がかかりました。自分は今月は3台しか売っていない。私は怒られる。そう思っていましたが、所長は「お前ら、この営業所はヤマ（山坂）が売れなかったらダメなんか！　お前ら何しとるんや！」。

私だけ、ひと言も怒られない。それが逆に、私を奮い立たせました。

「所長、すみませんでした。最後の12カ月目、山坂は勝負します！」。

所長にたずねました。「これまでの広島マツダの歴史で、1カ月間に一人が売った台数で最も多かったのは何台だったのか、それを達成したのは誰だったのか教えてください」。

すると所長は調べてくださいました。

「1カ月で33台のクルマを売った人がいる」。

その記録をもつのは、やはりトップセールスである本社の係長ということでした。そして所長はこう続けました。

「ただ山坂、33台売れたのは、いまのようなエリア制のときではない。ずっと営業していた先輩が課長になり、その顧客をがんばっている人間に引き継いでいたやり方だった時代のこと。市役所や県庁、大手企業から、一度に10台以上の大型注文を引き受ける特需部もなかった時代。だから、さすがにこの販売記録は抜くのは難しいぞ」。

私にはもう目標しか見えていなかったのでしょう。

「とにかく所長、山坂は新記録の34台にチャレンジします」。

入社3年目。年間117台を販売。トップセールスになる

最後の12カ月目。私が結果的に販売できたのは19台でした。34台は無理でした

が、私にとっては過去最高の販売台数。おかげで、１年間で合計１１７台を販売し、本社の係長と呉の係長に、この最後の１カ月で逆転しました。私は入社３年目にして広島マツダ全社の直販部門のトップセールスになることができました。

これは一つの大きな自信になりました。のちの人生において、何事にも自信を持って取り組めるようになり、たとえ困難なことがあっても「あのときだって、トップセールスになれたじゃないか！」と自分を奮起させる大きな拠りどころになっています。弱冠24歳の自分がどうすれば売れるのかを考え抜き、がんばって行動したら結果が出た。「年齢や経験は関係ない。やる気のある人が勝つ。がんばったら勝てる」という私の考えの根拠は、この実体験にあるのです。

広島マツダに入社して3年がたち、クルマを1年間に１００台以上販売した勲章である金バッチも獲得し、メーカー表彰を受けました。あっという間の3年間。クルマの営業について多くを学び、最高の結果を出しました。そして次のステップである、バルコムへ帰る日がいよいよ近づいてきました。

バルコム入社と同時に、広島大学硬式野球部の監督に

私はもともと広島マツダに入社するとき、広島マツダに対して「いずれはバルコムに戻るので、３～５年の期間だけ働きたい」と相談をしていました。入社して３年がたとうとしていたある日、父と今後について話し合いました。というのも、もうその頃、父は糖尿病と肝臓を患っており、入退院を繰り返すような状態。私は広島マツダを辞め、バルコムに帰ることを決意しました。

バルコムに入社と同時に、広島大学硬式野球部の監督を引き受けました。自分が広島マツダを退職したことを聞いた前監督から、「次に引き継げるのはお前しかいない」と依頼され、引き受けることにしたのです。私は広島マツダの野球チームから離れたばかりでしたが、今度は監督として野球と関わることになり、その３年後に父の具合が悪くなるまで、監督を続けました。監督は３年間６シーズンを務め、２度のリーグ優勝。明治神宮野球大会にも１度出場することができまし

た。これは、広島大学という国立大学の野球チームがどうしたら優勝できるかを一生懸命に考え、実践した結果です。とにかく負けるのが嫌で、あきらめることが嫌いでした。その後もずっと広島六大学野球連盟の理事をやらせていただき、現在は理事長を務めています。とにかく私の人生は野球人生です。野球ばかり、野球尽くしの人生です。

バルコムが「家業」から「企業」へと変革しはじめたとき

私がバルコムに帰ったのは、25歳のときでした。

その頃の社員数は20人。数百人の社員がいる広島マツダで営業をしていた私にとって、バルコムの社内は驚くことばかりでした。

まず、注文書。書き方は営業マンによってバラバラ。売上台帳は、父が用意した大学ノート。そこに営業マンがクルマを売って集金したときに初めて、お客様の名前と住所、車種、売上金額を書いて同時に売上伝票を書く。顧客名簿はありません。お客様の誰が何のクルマに乗っているのかは、営業マンが覚えているだけ。過去の新車登録履歴は車検証のコピーだけが時系列でとじられているような状態でした。中古車は車検証のコピーがあるものとないものがあり、注文書もあるものとないものがありました。

私がバルコムに入社し、まず着手したのは売上・顧客の管理業務をきちんとすること。広島マツダはコンピューターを導入して、顧客や売上などの情報を一元管理していました。バルコムはまだそれほどの企業規模ではなかったので、広島マツダでやっていることをアナログな手作業によって進めていきました。

注文書の書き方は、ルールを決めました。みんなにはその通りに書いてもらい、それを売上台帳にしようとしました。しかし、ほとんどルール通りに書いてくれません。そのため、みんながその注文書に書いた上に、私が細字のマジックでルール通りに書き直していました。

売上を立てるのは、クルマの登録日に統一。登録日は日付印を備考欄に押して、その日付で振替伝票を書く。売掛金の台帳がなかったので、補助簿を作って転記するようにしました。

もう一つなかったのが顧客台帳です。広島マツダはコンピューターで顧客カードを出せるようにしていました。私は広島マツダ時代に使っていた顧客カードを参考に、もっと簡素化したものを印刷会社に制作してもらいました。そして、過去の新車・中古車の車検証や注文書などすべてを顧客カードに書き出し、このお客様情報が正しいかどうかを確かめるために一件ずつすべてのお客様をあたりました。そうして生きているものだけを車検月別にファイルをして、それを顧客台帳にしました。

こうして売上台帳をきちんとしたものに改善し、新たに顧客台帳と、売掛金の管理表を作りました。

しかし、困ったのは一部の営業マンたちの身勝手さ。こうして整備した台帳のルールをどうしても守らない。下取りした中古車は、営業マンが自分のもののように好き勝手に乗り回す。

「これは商品です。好き勝手に乗ってはいけない」。

私が彼らにとっては面倒なことを注意していたら、二人の営業マンが首謀して騒動を仕掛けてきました。ちょうど私が入った年の終わり頃、日曜の出来事でした。その当時、日曜は営業マンが当番制でショールームに出ていました。私がショールームに出ているとき、二人の首謀者は父がいる自宅に行き、「給料１・５倍にアップ、住宅手当３万円支給。これを認めなければ全社員が辞める」と父を脅してきました。

父はそのとき、こう言ったそうです。

「それじゃあ、辞めてくれ」。

そう返答し、そのまま全社員が辞めることになりました。

私がバルコムに入ったときは社員が20人おり、少しずつ人数が増えていましたが、なんと全員が辞めることになりました。残ったのは私と二輪の責任者、事務員さん二人、私の同級生の営業だけ。これがバルコムという会社で初めてのリストラ（企業再構築）と言っていいでしょう。これまでのやり方を大きく変革し、企業を再構築するいいチャンスだと私は頭を切り替えました。

「バルコムが、家業、商店から企業へと大きく変わる」。

その最初の大きな一歩は、このときだったのです。

たとえ身勝手な振る舞いが目立った社員たちとはいえ、みんなに辞められると大きく困ったのは事実。仕事がまわらない。しかし、実家の印刷会社で働いていた広商野球部の同級生の栗栖恭一君が手伝いにやってきて、電話番をしてくれましたし、因島出身で実家の仕出し屋と食堂の跡取りであった広商野球部の同級生の姫野徹君も、「いま勤めている会社を辞めて料理学校に通う予定にしていたけど、時期をずらして手伝いに行ってやる」と言って、洗車と電話番の手伝いに来てくれました。二人には本当に助けられました。残念なことに姫野君は10年前に亡くなりました。もうお礼が言えないのが残念です。

そして、新しい社員が次々と入ってきました。騒動で辞めたメカニックたちの数人は謝罪しながら「バルコムに戻りたい」と言ってきたので再雇用しました。

創業者である父が亡くなる。山坂哲郎、32歳で社長に就任

私が25歳でバルコムに帰ってきて、3年後のこと。私が28歳のとき、父が亡くなりました。父は享年51歳、肝臓ガンでした。父は「もう自分は長くない」と言いながら「葬式でこれを使え」と写真屋で撮った写真を私のところに持ってきました。その写真はいま、社長室に飾っています。私の宝物です。

父が肝臓ガンであることがわかって、亡くなったのはその10カ月後ぐらいでした。本人はまだ5年ぐらい大丈夫だと思っていたようです。父はいつも「太く、短く生きればいいんだ」と言っていました。それでもこんなに早く自分が逝ってしまうとは思わなかったことでしょう。父は破天荒な人生を過ごしましたが、最後は安らかな眠りにつきました。

その後、バルコムは、28歳の私が引き継ぐことになりました。父の生前、私は専務でした。父が亡くなることがわかってから、義理の母が副社長になり、父親が亡くなってからは義理の母が社長になりましたが、義理の母は仕事に携わって

いなかったので、専務である私が実際の会社経営を行いました。

私が正式にバルコムの社長になったのは、バルコム20周年のとき。１９８７年（昭和62年）、私が32歳のときに社長交代をしました。

１９８９年（平成元年）に、山陽自動車道広島インターにほど近い広島市安佐南区中筋に、約９億円を投資していまの本社を建てました。その前年には福山にＢＭＷのショールームをオープンさせ、広島県東部に進出しました。そうして、今日にいたるわけです。２０１７年（平成29年）12月14日、バルコムは50周年を迎えることができました。

その前年、バルコムは世界的な栄冠も獲得しました。ＢＭＷグループが、全世界約３０００社の正規ディーラーを対象に行ったコンテスト「Ｅｘｃｅｌｌｅｎｃｅ ｉｎ Ｓａｌｅｓ ２０１６」【セールス部門】において、バルコムはアジア・パシフィック・南アフリカ地区のナンバー１ディーラーに選出されたのです。

さらに翌年、会社設立50周年となる２０１７年には、アジア・パシフィック・南アフリカ地区の「Ｂｅｓｔ Ｒｅｔａｉｌｅｒ ｉｎ Ｃｕｓｔｏｍｅｒ Ｃ ａｒｅ」（顧客満足度ナンバー1ディーラー）に選出されました。これほどの名誉は、これまでのバルコムに関わってくれたすべての方々のおかげです。

第2章

学歴もセンスも関係ない!

バルコム 仕事の原則

山坂哲郎のキーワード

キーワード●1 コミュニケーション

あいさつ、返事

コミュニケーションの基本は、元気なあいさつと返事

コミュニケーションの基本――。それは元気なあいさつ、そして元気な返事をすること。私はずっと野球をやっていたおかげで、普通に大きな声で、しかもハッキリとした声で、あいさつと返事をすることができます。

元気なあいさつができたおかげで、こんなことがありました。大学を卒業して広島マツダに入社してすぐの頃、先輩の引き継ぎで既存のお客様を訪ねたときのことです。

大きな声で「こんにちは！　広島マツダです。新人の山坂です！　よろしくお願いいたします！」とあいさつをしました。すると「お前さん、元気がええのう。何かスポーツをやっとったんか？」「はい、野球をずっとやっていました」「そうかあ」と会話が進み、「近々、うちに車検のクルマはないのか？」と聞かれ、「来月、カペラの車検が2台あります」と答えると、「じゃあそのクルマの代替え見積書を持って来てくれ」。こうした会話がきっかけで、社用車がいきなり2台売れました。それは、私が何か特別なことをしたわけではありません。私にとって、普通に元気なあいさつをしただけです。

私は野球をやっていたので、それはごく自然なことです。高校の野球部では、大きな声で元気にあいさつするのは当たり前のことですから。その中でも、私はひょっとして特別に大きな声だったのかもしれません。私が広商野球部の1年生のとき、8月の夏の大会が終わって1、2年生の新チームになった頃のことです。

秋のリーグ戦がはじまったとき、ベンチ入りできるのは19人まで。広商野球部に入るような人は、みんな本当にレベルが高い。ほとんどが中学校時代にキャプテン、クリンナップ、エースだった選手です。その中に私は1年生であるにも関わらず、ベンチ入りすることができました。そのとき、ベンチ入りできた1年生は4人だけでした。

次の県大会のとき、ベンチ入りは16人に絞られました。その中に入ることができた1年生は3人。4人から1人だけ外されたわけです。3人のうち1人はものすごくバッティングがいい。もう1人はものすごく足が速い。そしてもう1人は私でした。本来ならすごく守備がいいはずですが、私の場合は、バッティングはまあまあ、足もまあまあ、守備もまあまあ。元気が良いが二重丸（笑）。結局、私はベンチ入りできました。理由は、私が思うに誰にも負けないぐらい元気が良かったからでしょう。

広商野球部は、みんなあいさつの声が大きかった。大きくないと、厳しい指導を先輩から受けることになります。私のあいさつの基本は、この野球部で鍛えられました。

せっかくのお誘いは断らない

話を、広島マツダの新人営業マン時代に戻しましょう。

自分の担当エリアに飛び込みであいさつに行ったときのことです。「あんた元気がいいのう。何をしとったんや」「野球をしていました。いまでも社会人でやっています！」と返事をすると、「私はクルマはいらないが、うちの息子は商売をやっているし、野球を昔からやっているので行ってみたら？　紹介するよ」と言って紹介していただきました。

エリアは私の販売エリアから少し離れていましたが、早速訪問。クルマの話をして、新車を買っていただきました。そのとき、「一緒に野球をやらないか」と誘われたので、私は広島マツダの社会人チームの練習が空いているときは、このお客様の軟式草野球チームに加わり、試合に出場していました。

やっぱり、人からのお誘いはできるだけ断らない方がいい。営業しなくても、自然とチームメイトのみんなからも、私はクルマを買っていただけましたから。

仕事以外のときでも、お客様とお付き合いできるようになると、その後の仕事がとてもスムーズに進みます。

いつでもどこでも。自分から、あいさつをすること

私はバルコムに入ってからこれまでほとんど毎晩、青年会議所やロータリークラブの会合、お客様などいろんな人たちとのお付き合いで食事会や飲み会に出かけています。お店に入ったとき、必ず最初にすることがあります。それは店内を見渡して知った人を探すこと。そうして見つけたら、こちらから近づいて自分からあいさつします。顔はわかるけど、名前がわからない。そんなときは、店員の方に「あの方はどなたでしたっけ⁉」と聞くようにしています。それから必ず、こちらから声をかけてあいさつをします。

私のこうした行動は、お店に限りません。外に出たらいつでもどこでも、です。

繁華街で歩いているときも、常に知った人を探しているほど。知った人を見つけたら、必ずこちらからあいさつします。道端でも「こんにちは！」と元気な声であいさつします。

元気なあいさつを自分からする。私は社長になってからも、今日までずっと続けています。もう習慣なのです。元気なあいさつをずっと続けていたら、「山坂君は、いつもがんばっている」と普段から応援してもらえます。いざというときには、助けてもらえることだってあります。

実際、助けられたエピソードはたくさんあります。若い頃、月末にクルマの販売で困ったときのこと。いつもお会いしたときにこちらからあいさつすると、「山坂君は元気いいのう。いつもよくがんばっている」と言ってくださるお客様の社長の顔が浮かび、思い切って電話をかけました。

「社長、実はお願いがあります」。

「どうしたんかいのう？」。

「社長、今月の販売台数が足りないのです。ＢＭＷを買っていただけませんか？

いまから、そちらに行かせてください!」。

そしてお会いし、クルマの購入をお願いしました。するとどうなったか?

「仕方がないのう、わしのクルマは、いまはちょっと無理だから、嫁さん用のクルマを買ってあげるよ。あんたと付き合うよ」。こう言っていただき、大変うれしく思いました。これは本当に、あいさつのおかげで生まれたエピソードなのです。

人は、あいさつをし続ける人と付き合いたくなる

ほかにも、元気なあいさつをし続けることからお付き合いがはじまり、クルマを購入していただいたエピソードがあります。

ある社長が乗り続けていたのはBMWではなく、ずっとベンツ。しかし、こちらからあいさつをし続けていると、「わしはずっとベンツだからBMWを買うのは無理だけど、わしがかわいがっている親しい社長がいるから、彼にBMWをすす

めておくよ」と言われたことがありました。その方にお会いすると、すぐにＢＭＷを購入していただきました。

そのベンツ派の社長とはその後、ゴルフ場で偶然に会いました。こちらからごあいさつすると、「１回はあんたからＢＭＷを買ってやらんといけんじゃろう。今度、会社に来なさい」、そう言って、ＢＭＷに乗り替えてくださいました。数年後、その社長はまたベンツにされましたが、１回だけでもＢＭＷを買っていただけた理由は、いつもの元気なあいさつのおかげ。元気なあいさつを続けていると、自然と仕事が広がっていくものなのです。

元気なあいさつと返事はとても大切です。しかし、続けないと意味がない。大切なのは、知った人を見つけたら、すべての人々に必ず自分からあいさつをすること。それをやり続けること。もう習慣にすればいいのです。

誰に対してもあいさつをした方がいい理由

広島マツダ時代、私はあいさつで心がけていたことがあります。それは購入決定のキーマンとなる社長や担当者だけではなく、その会社の誰に対してもあいさつをすることでした。さまざまな企業に足を運びましたが、社長と直接会おうとしても簡単には会えません。

多いのが、会社の車両担当者に会いに行くケース。会社に訪問し、受付の人には当然あいさつをします。そして車両担当者に会うまで、会社では多くの人たちの顔を見ることができます。営業の人、倉庫で作業する人など、必ずすべての人に私はあいさつをしていました。

そして広島マツダを辞める際、ある会社の車両担当者にあいさつに行ったときのことです。

「そうか、辞めるんか。で、うちの社長には辞めるあいさつはしたかい?」「いえ、していません。今までごあいさつさせていただいたこともないですし」「そう

か、じゃあこっちについてきなさい」。そう言って社長のもとに連れて行ってください
ました。

そして初めて社長室に行くと、その社長はこう言われました。
「そうですか、早いですがもう辞めるのですね。それにしても、私はあなたに感心していました。あなたはこの会社に出入りをするようになって辞める今日まで、毎回うちの社員全員に元気にあいさつをしてくれていましたね・・・」。

私は感激しました。気づかないところで自分の行動を見てくださっていたのだと。このとき、誰に対しても元気にあいさつをすることの大切さをつくづく感じました。

広島マツダの新人営業マン時代、みんなに元気なあいさつをしていたおかげで、クルマが売れたエピソードなら、まだまだあります。
ある会社では、車両担当の総務課長がいる部屋に行く間に、営業や総務、倉庫の方たちの席の前を通っていました。そのときも、元気な声でみなさんにあいさ

つをしていました。最初は総務課長から「うちの社員は日産車が好きだから、マツダ車は無理だよ」と言われていましたが、毎日訪問してあいさつをしていると、その甲斐があって、日産車好きの社員の方々が社用車をマツダ車に替えることに賛成してくださったのです。

さらに、いつのまにかいろんな社員の人たちから声をかけられ、会話に発展。自家用車の相談をされはじめ、最終的に何人かの方が私からマツダ車を買ってくださいました。

実は、病院の先生が乗るクルマは、看護師さんが決めている!?

誰に対してもあいさつをすることが大事なのは、クルマを買うことを決めるのが、本人だけとは限らないからです。まわりの人に相談することもある。だから「誰がクルマを買うことを決める手助けをしてくださるかわからない」。そう思っていた方がいいでしょう。

たとえば私は病院に営業に行ったら、あいさつをするのはＢＭＷを買っていただけそうな先生にだけではありません。必ず看護師さんにもあいさつをします。いや、病院で働く方、全員にあいさつをします。もともと私は、誰にでもあいさつをする習慣がついていますが、「ここの先生はクルマを買うときに、ひょっとして看護師さんたちに相談をするんじゃないか？」と考えれば、なお一層あいさつにも力が入ります。味方にするべきは、クルマを買う先生だけではなく、まわりの人たちもそうなのです。

ひょっとして、先生が看護師さんたちに「ＢＭＷとベンツのどちらかを買おうと思っているのだけど、どっちがいいと思う？」と相談するかもしれない。そのとき、「先生、買うならＢＭＷにしましょう。ＢＭＷはかっこいいですし、バルコムの山坂さんは感じがいい方ですよ」と言っていただきたい。

万が一、競合他社の営業マンが先生にだけあいさつをして、その他の人たちの前を素通りするような人だったら、絶対にこちらを選んでいただけるはず。もしその逆だったら・・・と思うとゾッとします。選んでいただけない可能性が非常に高くなるでしょう。

ところで私は、営業で病院に行ったときは玄関で来院者の方々の靴を全部そろえます。個人のお客様のお宅に営業に行ったときも、同じように玄関の靴をそろえます。

そのとき、「私がみなさんの靴をそろえていることに誰か気がついてよー、私がやっていますよー」と思いながらやっています。たとえ気づかれなくても、自分以外の人の靴をそろえる程度のことは、いつも当たり前にやっています。「山坂さんが来た後は、いつも靴がきれいに並んでいる」。そう一人でも思ってもらえたら、自分にとって有利ですから。

山坂は、苦手な犬にだって、あいさつをする

どこに行っても元気なあいさつをするようにしている私は、一般のお宅に営業

に行ったときも、家族みんなにあいさつをするようにしています。お子さん、おじいちゃん、おばあちゃん、そして犬にも（笑）。

実は、私は犬が大の苦手。でも、犬の頭をなでながら「こんにちは！」とあいさつをして、続けて「よしよし！」とその頭を一生懸命になでる。そうやっているうちに、たとえ犬に私の顔をなめられても、私は嫌な顔をせず、「かわいいワンちゃんですね」と言う。お客様の愛犬が、いつのまにか山坂になついている・・・。もしそうなったら有利ではないですか。私は家族みんなから好かれるためには、家族全員、そしてペットにだってあいさつをします。

あいさつのチカラで、同業他社が味方になった日

私はどこにいても、結構目立ちます。

声が大きいですし、いい意味でも悪い意味でも目立つようです。でも、広島で

私のことを敵対視する人はほとんどいないと思います。それは、いつも自分からあいさつをしているからだと思います。自分からあいさつすることで、みなさんからかわいがってもらえているのかもしれません。

バルコムの売り上げがどんどん伸びてきた最近であろうと、ずっと昔から私のあいさつのスタンスは変わりません。

たとえば競合するクルマの業界の人であっても、こちらから「こんにちは！」とあいさつに行きます。

30代前半の頃のエピソードです。一気に売り上げが伸びていた頃のこと。ある同業他社の社長からちょっとした行き違いで、「バルコムの社長は何者だ？　何だ若造か。バルコムをつぶす」と言われたことがあります。

それでも私は、その社長とお会いするたびに、必ずあいさつをし続けていました。私にとって、あいさつはもはや習慣なのです。そうして少しずつですが、会話をするようになりました。

その後、ある人から「あの社長はあまり人のことはほめないのに『バルコムの山坂は、若いのによくがんばっている』と話されていた」と聞きました。そしてある日、「いま、板金塗装をやって儲かっているから、今度うちに見学に来なさい」と誘っていただきました。ずっと私からあいさつをし続けていたので、たとえ競合する会社であろうが印象が良くなり、最後にはかわいがっていただけるようになったのです。その後はずっと、いろんなことをアドバイスしていただけるようになりました。

人は謙虚でなければならない。だから、あいさつを続ける

いくら売り上げが伸びていても天狗にならない。生意気にしていたら、「最近、会社が伸びているからと思って、いい気になっているんじゃないか」と受け止められるかもしれません。だから私は、昔と変わらず、謙虚な姿勢であいさつを続けています。

私が昔と変わらず、あいさつを続けている理由、それは私が商売をしているからです。いつ、誰がお客様になるかわかりません。損をしたくないのです。自分も会社も。

昔、飛行機でスーパーシートに乗ったとき、ある大手企業の社長の姿を見つけました。その社長は当時、私が所属していたある団体の先輩。一方、私はその企業の商品を時折ですが購入していました。いわば私はお客さんです。

そして私からあいさつをしました。「〇×団体の後輩の山坂です！」と。

すると、「ふーん⁉」と言われただけでした・・・。

私には考えられない。たとえその社長が大手企業とはいえ、私は一応、お客側ですし、しかも私からあいさつをしたのですから。

私は絶対に「こうなってはいけない」と決意しました。会社に帰ってから、すぐにみんなを集め、「こんな経験がありました。私たちは、誰に対しても謙虚でなければならない。きちんとあいさつをしなければならない」と語りました。

実際、いつ、誰がお客様になるかわかりません。

もしかしたら、ＢＭＷや中古車などのクルマをバルコムから買ってくださるかもしれない。バルコムグループが運営する飲食店に食べに来ていただけるかもしれない。世の中のすべての人たちが、バルコムグループのお客様候補なのです。だから絶対に高飛車なことを言ったり、変なことをしたりしてはいけません。

夜、飲んでタクシーに乗って帰宅するとき、私はクルマを降りると必ず運転手さんに「ありがとうございました。お休みなさい」とあいさつをします。

タクシー運転手さんの中には、私がバルコムの社長であることに気づいている人がいるかもしれません。それなのに私が傲慢な態度をとっていたら、悪い噂がたってしまう可能性がある。

だから、いつもあいさつをします。

どうせなら「バルコムの社長は感じがいい」と言っていただいた方がいい。

タクシーを降りるときの一言だけで、損するなんてもったいない。ただし、パッと見、態度が大きそうな私がみんなにあいさつをしている姿を見ると、ギャップはあるようです（笑）。

私は商売をしているからみんながお客様。いつ、ビジネス上の取引きがはじまるかわからない。これを忘れてはいけないと、いつも心がけています。

あいさつの秘訣まとめ

あいさつは、知っている人がいれば、こちらからすること。

その人が忙しそうかな、というときでも、「こんにちは！」と必ず、自分から声をかけてあいさつをする。

そしてできるだけ、その人の名前を言う。

しかし、「その人の顔はわかるけれど名前がわからない」。そんなときは、「バルコムの山坂です。ごぶさたしています」と自分の名前を言えばいい。

私は、根が営業マンなのです。

どんな人にも、いい印象をもってもらいたい。第一印象を決定づけるのは、やはり、あいさつ。だから、できるだけ元気な声で行い、自分の名前と顔を覚えてもらえるように、しかも好印象にしたいのです。

私はもともとカバンを持って、ずっと歩いて営業をしていたので、お会いした人の名前と顔を覚えるのは得意な方でした。

しかし最近は、お会いしてきた人が多すぎて覚えきれないことがあります。名乗らずにあいさつをされると、誰だかわからないことが増えました。これは大いに反省です。この場をもって、みなさんにおわびします。

あいさつにお金はかかりません。それなのに効果は抜群です。ぜひみなさんも習慣づけてください。

相手の気持ちになって考える

相手の気持ちを考えなければ、山坂は高校時代に死んでいた⁉

相手の気持ちになって考える、それは相手の心を読むということ――。

私は根が営業マンであり、相手の気持ちを考えるのは得意な方。それは、そうせざるを得なかった時期があるからです。

それは広商の野球部時代。

私たち1年生全員は先輩たちから、頻繁に厳しい指導・説教を受けていました。指導・説教の方法は・・・いまでは問題になるような、かなり激しいものでした。

そのため、先輩たちが「いま何を考えているのか」「いまどういう気持ちなのか」「いま機嫌がいいのか悪いのか」と、いつも顔色をうかがっていました。とにかく先手を打つこと。先輩たちの気持ちを察して行動したり、気遣いしたりしないと、また指導・説教の時間がはじまってしまう。話しかけるタイミングは必ず、先輩の機嫌がいいときのみ。

そうやって、いつもいつも先輩の気持ちになって考えていると、一人一人の先輩たちの仕草や表情などで、そのときの気持ちがわかるようになってきました。大げさかもしれませんが、私にとって相手の気持ちになって考えるということは、生きるか死ぬかの問題だったわけです。

相手の気持ちになるには直接会うこと。それが営業という仕事

相手の気持ちになって考えるために一番大事なのは、やはり直接、対面で会うこと。そのとき、こちらが話したときの相手の表情、相手が話すときの表情、発言の内容・・・など、それらを見ながら仮説を立て、相手の本当の心を読んでいくことが大事です。

営業マンになってからも、お客様にクルマの購入を検討していただいていると

きはいつも、お客様の顔を見ながら心を読んでいます。だから、お客様には電話だけではなく、必ず会って商談をするようにしています。電話だけでは相手の気持ちをつかみにくい。直接、顔を見る。表情、仕草、返ってきた言葉を感じる。本心は一体どこにあるのか。営業とは、それが仕事なのです。

本当のところ、お客様は何を考えているのか、言葉だけではわかりません。それを聞き出していく。体全体で感じていく。そうしているとその人の気持ちがわかってきます。

社長をやっているいまでもそう。

特に社員と話すとき、私の話したことが理解できているのか、できていないのかを察します。自分が働く会社の社長相手だと「わかりません」と自分からは切り出しにくいかもしれません。もし、理解できていない顔をしていたら、改めて説明するようにしています。

山坂は、相手の顔を見るためなら、ＦＡＸにもなるのだ！

顔を見合わせることで、ライバル会社にお客様を取られないで済んだことがあります。

バルコムで購入していただいたＢＭＷに乗るお客様に、「そろそろ車検なので、このタイミングで新車に買い替えましょう」と電話で話したら、「ああ、とりあえず見積書だけを自宅にＦＡＸで送っといてよ」という言葉。微妙にいつもと違った雰囲気の返答でした。

「見積書なら、私がお持ちしますよ」と言うと、「いや、それはいいからＦＡＸで送って」という返答。「何かあやしい・・・」。私は察知しました。

確かに見積書をＦＡＸで送付するだけだと便利で効率的。それで購入が決まれば、とてもありがたい話です。

しかし、相手の顔色を見ることができません。

そのお客様の自宅はクルマで30～40分ぐらいのところ。私はすぐに見積書を書いて、クルマを飛ばして行きました。そして、そのお客様のご自宅のドアをたたきました。

「こんにちは、ＦＡＸですー！」

「どうしたんや⁉」

「ＦＡＸです！」

「ＦＡＸで送れって言ったじゃないか」

「はい。私はＦＡＸです！」・・・。

いま思えば、そんなコントのような不思議なやり取りの後、クルマの購入をお願いして、結局、新車のＢＭＷを買っていただけました。

実は、電話したときに察知した私の嫌な予感はドンぴしゃり。そのお客様はＢＭＷではなく、他社メーカーの車種を検討していたそうです。「あんたには参ったよ。また付き合うよ」と言っていただきました。

営業とは売ることではない。情報、そして信用を得ること

私の広島マツダ時代、営業所にはマツダのメーカーから２人の社員さんが出向で来ていました。彼らが毎日していた仕事は、新規50件の飛び込み営業。毎日毎日、違う50件を夜遅くまで、コツコツとまじめに訪問していました。でも販売台数はずっとゼロ。

一方、私はタイムカードを15時15分に押して退社し、広島マツダの社会人野球チームの練習場に行っていました。そのため、営業件数は少なくて３～５件、多くて8～20件しか訪問できません。それでも毎月、私はほぼ10台のクルマを売っていました。

マツダから出向してきた２人は毎日50件訪問し、会話ができたのが２～３件ぐらい。その会話ができたお客様のところに、再び訪問しようとする。さらに翌日、また別の新しい訪問先50件に、まじめに飛び込み営業をしていました。

私が思うに、その営業方法は間違っていると思います。

もし私が彼らの上司なら、50件を訪問するのなら、毎日同じ50件の訪問先を回ってもらいます。なぜなら、会話ができた2～3件は、おそらく誰が来ても話してくれるところ。時間に余裕があって話好きな人。決して、「あなたがクルマの営業マンだから」と話してくれた人ではないのです。

考えてもみてください。普通、飛び込みで来た営業マンと会話はしません。「やったー！　マツダさんが来てくれたんかー。ちょうどクルマを買おうと思っていたのよ」とはならないです。そんなタイミングは、なかなかない。


毎日50件訪問するなら、同じ50件の会社や家に毎日ずっと通ってみる。「こんにちは。また来させていただきました」と言いながら、あいさつをする。そうやって何度も同じところに行くと、わかってくることがあります。

たとえば、「うちには何回来てもダメじゃけえ。うちの息子はトヨタに勤めているから、トヨタ車しか買えないんよ」と言われたら、今後はその家に営業に行かなければいい。この場合、マツダ車を買っていただくのは100％無理ですから。

つまり、お客様の本当のことが聞けたらいい。

「うちは車検を受けたばかりなんよ。だから2年後よ」「うちは誰も免許をもっていないからねえ」「うちはいらないけれど、友人がちょうど探しているよ」「実は、来月あたりから新車を検討しようと思っていたところ」。

そういった本当のことが聞きたいのなら、毎日、または2日に１回は通い続ける。１回の訪問では、本当のことを教えてくれません。同じところに10回ぐらい通い続けて顔を合わせたら、ようやく本当のことを話してくれるでしょう。そうなると、クルマを購入していただける可能性が高まります。

営業で断られたら、相手の気持ちになってみる

普通、飛び込み営業をすると「うちはいらない。間に合っているよ」と言われます。そう言われたとき、どう返答するのか？

それは事前に決めておいた方がいいでしょう。台本のセリフのように。

たとえば、さきほどのマツダから出向してきた2人の社員さんのケース。「私はまだ出向してきたばかりで行くところがないので寄らせていただきました」とか、「すみません、マツダから出向していまして、このエリアの担当になったので、ご迷惑かもしれませんが、ごあいさつだけさせてください」など、いくつかのセリフを用意しておく。

そして次の日にまた行く。

「こんにちは！　また、ごあいさつで寄らせていただきました！　名前で呼んでいただけるまで、また来させてください」と頭を下げながら行くといい。それを続けていると、少しでも本音の会話ができるような訪問先が生まれてきます。そして、本当の情報を入手できるようになってくる。

ちょっと怖そうな人や話しにくい人、とっつきにくい人だったら、その人がいないときを狙って行くのも一つの手です。こういうタイプの人は他社の営業マンも近寄りにくいので、競合が少なくなる。逆にチャンスだと思った方がいいでしょう。

そうして「本日、寄らせていただきました」と直筆で書いたメッセージカードを残して帰る。ずっと言葉を書いたメッセージカードを残し続ける。10枚ぐらい書いたら、今度はその人がいるときに行ってみるといい。「自分がいないとき、この前からずっと来ていた人はお前さんかい？」となる。

つまり、会話がスタートするわけです。自分がいないとき、何度もわざわざ足を運び、しかもメッセージカードを残して帰る営業マンに、多少なりとも親近感や「ちょっと申し訳ない」という気持ちを持っていただけることになる。その人の心をつかんだら有利になります。

このように、「自分が逆の場合だったら」「相手の立場になって考えたら」と想像すると、どうしたら自分と会話をしていただけるかがわかってきます。

忙しいときに行ったら、それは忙しいから迷惑でしょう。自分に置き換えてみたら、その迷惑さがわかるはずです。そうなったとき、「お忙しいところ、すみません！」と行って、すぐに立ち去ればいいだけです。

営業マンの大きな勘違いとは⁉

営業マンは必ずしも、無理をして「クルマを買ってほしい」と言わなくてもいいのです。クルマの営業マンが足を運んできたら、「この人は掃除機を買ってほしい、と言いに来たな」と思われることはありません。誰だって、クルマを売りに来たことはわかる。だから行くだけで、顔を出すだけで営業になる。「こんにちは！　それでは失礼します」でいい。

無駄が仕事になるのです。

クルマの話ができなければ、無駄な時間だと思ってしまうのは大きな間違い。営業マンはクルマの商談をしようと思って行く。だから「クルマの商談ができないのなら行かない」となる。営業マンの勘違いはそこにあります。

とにかく、「こんにちは！」と元気にあいさつをしながら顔を出す。無駄に見えるような訪問も立派な仕事です。

広島マツダ時代、私は既存のお客様や先輩などから引き継いだお客様のところに、何度も足を運んでいました。

「いまは、クルマは買わないよ」と言われたら、「あ、すみません、マツダの山坂です」とあいさつする。

そうして、「マツダさんと言わずに、〝山坂〟と名前で呼んでいただけるまで、こちらに来させてください！」と言っていました。このセリフは結構、効果的でした（笑）。人間関係ができていないと「マツダさん」と呼ばれます。名前で呼んでもらえるようになったということは、人間関係が生まれはじめた証拠ですから。

どうすれば、お客様の心に入り込むことができるのか？　私はそのことを、自分で考えながらできるタイプでした。

でも、それは多くの人にはなかなかできません。そのため、営業トーク、応酬話法は、会社や上司が教えてあげておく。一つのことに対して、３パターンぐらい用意しておくといいでしょう。

もし、「もう、うちには来なくていいよ」と言われたら、たとえば私が新人ならこう言います。

「新入社員でこの地域を回っているんです。まだ訪問するところがないので、時々あいさつにだけ来させてください」。

普通の営業マンは断られたら、もう二度と立ち寄らない。そんな中、5回も10回も訪問したら印象に残るし、会話もしていただけるものです。

大切なのはどう言えば、相手が嫌がらずに「仕方がないなぁ」と思っていただけるのか。そうなったら、いずれは「今日はお茶ぐらい飲んでいきんさい」「マツダの山坂さん、飲んでいきんさい」と言っていただけるようになります。

クルマを買っていただくことばかりに着目してはいけません。まずは、商談にたどり着く前に「普通の会話ができる人間関係を築くこと」が大事です。そこからすべてが始まりますから。

クルマのことがわからなくても、営業はできる

実はここで告白があります。私は長くクルマに関わってきました。しかし実際のところ、クルマの詳しいことはよくわかっていません（笑）。もちろん、クルマのカタログに書いてある仕様のことなどは理解していましたが、クルマ内部の技術的な詳しい話は私にはわかりません。

私は営業マン時代、「すみません！　日本で一番、クルマのことがわからない営業マンです」と言っていました。ただし、こう付け加えていました。「でも、誰にも負けないくらい（お客様の名前）さんの面倒を一生懸命、見させていただきます！」と。

つまり、クルマではなく、自分を売る――。

私がいつも考えていたのは、「相手が何を考えているのか？」、そして「どうしたら喜んでいただけるのか？」ということばかりです。

こちらとしてはクルマを買ってほしいのに、「いま買うよ」と言っていただけない場合がある。「買っていただけない理由は何だろう?」。私はその理由ばかりを考えます。きちんと本当の理由を聞き出せればいいのですが、それができない場合もある。そんなときは、表情や雰囲気、こちらの言葉の反応を見ながら、いまどんな気持ちなのかな、ああかな、こうかなと洞察していく。

そうやって買っていただけない理由をつきとめる。「それならば、こうすればいいかもしれません」と解決策をお客様と一緒に考え、買わない理由を排除すればいい。買わない理由がいくつあっても、その理由を一つずつ解決していけば、最終的には「買う」しか残らなくなる。それが営業マンの仕事です。

お客様を嘘つきにしてはいけない

「いま、クルマは買えないわ。でも来年、子どもが大学を卒業したら買うよ」と言われたことがありました。

普通の営業マンならどうするのか？　おそらくこの言葉で安心して、卒業する年の2月あたりに再び連絡して訪問するでしょう。しかし、人はそういう約束は覚えていないもの。気持ちだって変わりやすいものです。

私は営業マンだったとき、「ありがとうございます！」、たとえ1年先でも「うれしいです」と言っていました。

その後、私はどうしたのか？　翌月、満面の笑顔でまたそのお客様のところに顔を出しました。

「こんにちは、先月は本当にうれしかったです。息子さんが卒業したら買うと言っていただいて。これからも一生懸命、あいさつに来させていただきます！」。

そしてその翌月も、再びあいさつに行きました。

「残り10カ月ですね。お付き合いがはじまるのが、もう待ち遠しいです！」「残り9カ月ですね・・・」「あと8カ月になりました・・・」。私はこうして、毎月、そのお客様のところに顔を出し続け、予定通り、新車を買っていただきました。

私の思いは、ただ一つ。「その人を嘘つきにさせてはいけない」という思いです。だって一回、口に出した言葉ですから（笑）。「あと、7カ月になりましたね」と毎月顔を出されると、人は買わざるを得ません。

いいですか？「来年、買うから」と言われて1年後に行くのは当たり前。下手をすると、ライバル他社のクルマを買われている可能性もある。お客様だって、口約束を忘れているかもしれません。

だからといって、黙って訪問してもダメ。毎月、「楽しみにしています！」と元気なあいさつをしながら、笑顔で訪ねる。そうするともう裏切れないでしょう。

これは「いま車検を受けたばかりだから買わない。次の車検のときに買うわ」という、よくあるケースでも応用できます。このときも「楽しみにしています！」と毎月訪問すればいいのです。

以心伝心

以心伝心だから、人のことを嫌いになってはいけない

「以心伝心」。それは自分の気持ちは、相手に伝わるということ――。だから私は「お客様のことを絶対に嫌いにならない」と決めています。なぜなら「このお客様、苦手だなあ」と思ったら、その気持ちが相手にいつのまにか伝わってしまうからです。それはお客様に対してだけではなく、取引先も、社員のみんなに対しても同じです。人を嫌いだと思うとその気持ちは必ず相手に伝わってしまい、そうなるとその相手は自分のことがきっと嫌になることでしょう。

私が30代の頃、こんなことがありました。ＢＭＷの輸入元である東京のＢＭＷジャパンの担当者とのエピソードです。

私がバルコムの社長といっても、その担当者の方がかなり年上でした。年齢が

上ですから、いつも私に対して上から目線。たとえ自分が間違ったことを言っても訂正しないし、こちらに責任を押しつけてくる。

「それはなんですか」と反論すると、「いいのか、そんなことを言って。私を味方につけた方がいいぞ」と高飛車な態度。もう横暴です。

普段、こういうタイプの人間は、私は大嫌いです。

「このバカ野郎っ！」と何度か飛びかかりそうになったこともありました（笑）。でも、「待て待て」と。私がそんな態度をとっても仕方ない。この人を嫌いになったらその気持ちが相手に伝わり、私は嫌われるかもしれない。そうなると仕事上、バルコムが得をすることは全くない・・・。

私は自分に言い聞かせました。「この人は、本当はいい人だ。仕事に対して熱心であるがゆえに、こういう言い方になっているんだろう」。そう思い込むようにしました。

私は頭を切り替え、一生懸命、この人のことを好きになろうと努力しました。そのためにこの人のいいところを探して、見るのは長所だけ。

そうやって付き合っていたら私たちの関係は次第によくなり、仲良くなりました。上から目線はなくなり、相談にも乗っていただけるようになりました。

たとえば新しい拠点を出店するとき、スムーズに物事を進めていただいたり。結局、バルコムの大きな味方になってくれたのです。振り返ると、仕事でずいぶんとかわいがっていただきましたね。あのとき、嫌いにならなくて良かった経験です。

営業先で、嫌な人に出会ったら

営業の仕事をしていると、いろんなお客様と出会います。いい言葉ばかりをかけてくれるわけではありません。でも私はお客様にどんな嫌なことを言われても、その人のいいところを見て、決して嫌いになりません。

「以心伝心」ですから、自分がその人のことを嫌だと思っていたら、その気持ちが相手に伝わってしまいます。何をするにしても、そう意識してきました。

営業の仕事をしている人に言いたいのは、嫌な人がいたら、その人のいいところだけを見てほしいということ。決して嫌いにならないでほしいのです。嫌いだと思った瞬間、その気持ちは相手に通じます。逆に、その人のことを好きになってほしい。好きである気持ちが伝われば、相手は嫌な気持ちになりません。嫌な言葉をかけることもなくなるでしょう。自分のことを好きでいてくれる人を、人は必ず大事にしてくれますから。

「なんだこいつ！　バカたれか！」とお客様に対して思ったことなんて私は一度も、いや一度ぐらいしかありません（笑）。もっとあるように見られますが、本当に私はないのです。

それぐらい人のいいところだけを見ています。決して、お客様のことを嫌にならないようにしています。そして、自分から元気にあいさつの声をかける。たとえ、怖そうな人、苦手そうな人でもこちらから、あいさつをしていく。そうやって、その人のことを好きになろうとする。

ここで間違ってはいけません。「この人のことを嫌だと思う気持ちを隠す」のでなく、心から好きだと思い込むのです。嫌だなあ、と思いながら担当していたら、必ずその気持ちはなんとなく相手に伝わっていきます。そうなってはダメ。損をするだけです。もし、本当に苦手でダメだったら、その人にお客様であることをやめてもらうしかありません。

以心伝心は、嫌いな気持ちが伝わると同様に、「あなたのことが好きですよ」という気持ちも伝わります。自分のことを好きになってくれた人のことを、みなさんは嫌いますか？　自分のいいところに気づいてくれる人のことを嫌いになるでしょうか？　もちろん、その人のことを好きになるでしょう。人のことを嫌いになれば大きな損をする。好きになれば、大きな得をする。肝に銘じて、人と付き合ってください。

キーワード● 2

プラス思考

逆境こそ、神様が与えてくれたチャンス

とにかく私はプラス思考。プラスで考えるのは、何か新しい行動をとるときよりも、「何か悪いことが起きた」とき。私は何か困難なことがあったとき、悔しいことがあったとき、その出来事をプラスに考えています。その出来事をいいようにしか考えません。「その経験のおかげで、次のいいステップがある」と受け止める。次に向けての準備期間だったのだと思っています。

これは強がりではなく、これまでの経験上、本当にそう思っています。逆境は、次へのバネとなるのです。

営業マンもそう。営業をしているとき、お客様から「来なくてもいい」と言わ

れることがある。とても会いにくいお客様です。そんなときは、「逆にチャンス」と思えばいい。というのも、会いにくいお客様は、他社の営業マンも会いにくい人ということです。だから競合しにくい。誰も会えないのですから。そのとき、プラス思考で「ラッキー」と思って会いに行けるかどうか。どうすれば、会っていただけるのかを考える。そこが勝負どころです。自分がそのお客様に会っていただけるようになれば、他社の営業マンとの競合はしない可能性が高いのです。

甲子園に行けなかったから、いまがある

私は、第1章でも書きましたが、高校野球の名門、広商で野球をやっていました。めざしていたのは、甲子園に出場すること。そして優勝して全国制覇することでした。でも、甲子園に行けませんでした。もし、あのとき甲子園に行くことができていたら、もちろんうれしかったことでしょう。

しかし、「あのとき、甲子園に行けなかったからこそ、いまの自分がある」、そう思っています。高校3年生の夏、もし甲子園大会に出場していたら、おそらく広島大学には合格しなかったと思います。受験勉強のスタートが1カ月遅れ、8月から取り組むことができなかったからです。

私が9月に受けた最初の模擬試験で取った英語の点数は、たったの25点ぐらい。それを8月1日から毎日16時間の猛勉強をスタートさせたことで、ようやく1月5日、最後の模擬試験で長文読解の問題を解くことができ、その後はずっと長文読解の問題が解けるようになりました。

つまりあと1カ月、受験勉強のスタートが遅れていたら1月のはじめには長文読解の問題を解くことができず、受験に間に合っていなかったわけです。

あの最後の夏の甲子園大会に出場していたら、もちろん当然うれしかったでしょう。でも広島大学に合格することは絶対になかったと思う。だから、「夏の甲子園に出場できなかったおかげで、広島大学に合格できた」と思っています。

次は、東京六大学野球をめざしたが・・・

私にはもうひとつ、野球の夢がありました。それは東京六大学で野球をすることです。第一志望は、早稲田大学。夏の甲子園予選敗退後、早稲田大学合格をめざしましたが、残念ながら早稲田大学は不合格。東京六大学での野球の夢は叶わず。当時の心境としては嫌々ながら、合格した広島大学に通うことになりました。

もしあのとき、早稲田大学に合格していたらどうなっていただろう？　私は絶対に早稲田大学に行ったと思います。早稲田大学に落ちたことは甲子園に行けなかったことに続き、とてもショックな出来事でした。「あのとき入学することができていたら・・・」とその後も思ったことがないと言えばウソになります。

しかし、この出来事でさえ、私はプラスに考えました。「早稲田大学に落ちたおかげで、広島大学に入学することができた」と。これは当時、本気で思ったことです。

そもそも、私がもし早稲田大学の野球部に入っていたら、レギュラーになれたかどうかわからなかったと思います。一方、広島大学の硬式野球部では、入部してすぐ1週目から試合に出てレギュラーになることができました。

さらに、私は広島大学の野球部に入ったおかげで、「これまで体験したことのない野球」と出会うことができました。

広商野球部の野球は、「上から押さえつけられる野球」。同じく名門の早稲田大学野球部の野球も、もしかしたらそうだったかもしれません。

しかし、広島大学野球部の野球は違いました。

広島大学野球部は、「キャプテンを中心に、選手たちとともにチームを作り上げていく野球」だったのです。これは衝撃でした。こんな野球もあるのかと。

そうして私が広島大学野球部のキャプテンになったとき、広商野球部の3年間で学んだことすべてをノートに書き起こし、選手みんなに説明する勉強会を行いました。広島大学野球部は強いチームではありません。強豪校の野球部から入部した人もほとんどいませんでした。私は甲子園には行けなかったとはいえ、名門中の名門、広商野球部で学んだことをみんなに伝えました。

しかしその最中、あるプレイについて、同級生たちにこう言われました。

「何を言っとるんや。それはおかしいわ」と。

さらにいろいろな意見がどんどんみんなから出てくる。その後、「じゃあ明日、そのプレイをグラウンドで実践してみよう」と言って、翌日はグラウンドへ。みんなに「おかしい」と言われたプレイを実際に見せると「なるほど」とみんなは納得し、私を信じてくれるようになりました。こうやってチームはひとつにまとまったのです。その後もみんなで話し合い、自分たちで作る野球というものを学ぶことができました。

早稲田大学に落ちたことは悔しかったですが、すべてはそのおかげ。あのとき、「もう野球なんてやらんわ」とマイナスに考えなくて本当に良かったのです。広島大学で、みんなと作る新しい野球を経験できましたし、こんなにも楽しく、チームメイトたちとともに野球と向き合えたのですから。

悪いことがあっても、そのおかげで次はプラスになる

いろんな悪いことがあっても、後から振り返ると「すべて良かったことだったなあ」ということに気づきます。「いまの自分があるのは、そのおかげ」と理解できる。そうやって何事もプラス思考で考える。私はそれができているから、いまの自分があるのだと思っています。

広島大学に入ったから、私は広島大学の学部を超えた同窓の会「広島大学・千田塾」を立ち上げ、会長になることができました。メンバーは広島で活躍する政財界・教育界・医療界などの人たちで約650人の会員がおり、さまざまな活動ができたり、人脈を広げたりすることができました。これも、甲子園にも早稲田大学にも行けなかったおかげです。

プラス思考について、違う例え話でいうと、たとえばゴルフもそうです。

ゴルフをする人はわかると思いますが、ゴルフはいかに少ない打数で回るかが

勝負なのに、打ったボールが白い杭をオーバーするとＯＢになり、２打足さないといけなくなる。

私はゴルフをしているとき、打ったボールがポンとはねてＯＢになったら、こう言っています。「やった、ラッキー！」と。

なぜかというと、そこでもし、はね方が良くてボールがコースに戻ってきたら、本当はそれこそがラッキー。しかし、ゴルフ場で自分の運を使いたくないのです。そう考えると、ＯＢになったことは実にラッキーなこと。

「自分の運は、ビジネスでこそ使いたい！」「ゴルフごときで自分の運を使いたくない！」と考えるようにしています。

そもそもラッキーなことは、一人の人間にそんなに何度も起こりません。ゴルフはとにかく、どんどんＯＢになってくれた方がラッキーなのです。そうすれば、どんどん仕事でラッキーなことが起こる。私はいつも上手に気持ちを切り替えます。私はいつだってプラス思考だから、私の身の周りではよくいいことが起きるのだと思います。

中国ビジネスでだまされたおかげで、再び中国進出へ

私のプラス思考は徹底しています。

以前、中国ビジネスで詐欺にあった経験があります。ある信頼のおける銀行関係者から紹介された一人の日本人がおり、その日本人のサポートによって中国・上海に進出して中古車ビジネスの会社を立ち上げました。しかし、なんとその日本人から、私たちはお金をだまし取られていました。仕方なく上海の会社を閉め、1億2000万円ものお金が無駄となりました。苦い経験です。

私は考えました。「これはおかしい。これまでずっとまじめに生きてきた。一生懸命に働いてきた。なのに、なぜこんな目にあったのか・・・」。

そうして出した結論、それは「今回の件は、神様が私に何かを教えようとしてくれているんじゃないか。次の中国ビジネスで成功するための準備期間だったのではないのか」とプラス思考で受け止め、次のチャンスを焦らずに待ちました。

再び中国進出の話が舞い込んできたのは、その２～３年後。前回、だまされたことがきっかけで、中国ビジネスのことを勉強していました。中国語も５年間ほど勉強していましたから、片言の会話ならできます。中国に赴任していた私の息子は、中国語がペラペラになっています。

いま、中国では山東省に２つの自動車関連の会社を出しています。中国でのビジネスはまだまだ順調ではありませんが、悪いように考えていません。何と言っても、中国は世界第２位の経済大国。あきらめずに踏ん張ります。

あのとき、私たちをだました日本人は、他にも数人の日本人をだましていたようです。私は泣き寝入りをせず、きっちりその日本人に対して訴訟を起こしました。彼はいま指名手配をされています。

キーワード● 3 あきらめるのが他の人より遅い

私が入社3年目で、トップセールスになれた理由

山坂という男は、本当にあきらめるのが遅い――。

「自分のことを、人よりもあきらめるのが遅い人間だ」ということに気づいたのは、広島マツダを辞めるときの送別会会場に向かうタクシーの中でした。

「自分はなぜ、広島マツダの新車セールスで一番になることができたのか。トップセールスの称号を獲得することができたのか・・・」とずっと考えていました。

――人より長い時間、働いたから?

いや、そうではありません。広島マツダの社会人野球部に所属していた私は、シーズン中は15時15分にタイムカードを押して会社を出て、野球の練習をしていました。練習後にグラウンドからそのまま事務所に戻り、ユニフォーム姿で書類

を書いたり、着替えて営業活動をした日もありましたが、他の営業マンより、長い時間働いたという実感はありません。むしろ、仕事に使った時間は、人より確実に短かったでしょう。

――では、他の営業マンよりも計画的に仕事をしていたから？

確かに私は毎日、訪問計画を立てて営業活動をしていました。しかし、営業という仕事はなかなか計画通りには進みません。ですから1日5件～20件ずつ訪問する計画を立てていましたが、訪問できないときはその都度、訪問計画を立て直していました。でも、そんなことは普通の営業マンもやることでしょう。決して、誰もマネができないような訪問計画の立て方を知っていたわけではありません。

ではなぜ、私はトップセールスになることができたのか？

考えた私は、自分の特性にふと気づきました。私は「あきらめるのが、他の人よりも遅かった」のです。

あきらめが遅いから、どこにでも行く

その当時、広島マツダは、エリアごとに営業担当を決めていましたが、私は担当エリア外の遠方でも訪問していました。クルマを少しでも買っていただける可能性があるお客様なら、すぐに飛んで行っていました。

先輩営業マンたちは、遠いところへ営業に行くことに積極的ではありませんでした。遠いと、売れなかったときに移動時間が無駄になりますから。

でも私は、簡単にはあきらめませんでした。営業所で一番若く、経験が少ない分、変な先入観もありません。私は営業所から遠くても「あきらめずに訪問すれば売れる」と信じていたし、むしろ、「逆に遠い方が売れるかもしれない」とも考えていました。「わざわざ遠方まで来てもらって・・・」とお客様に感じていただき、有利になるかもしれない。だから私は、遠くのエリアにもしばしば足を運んでいました。

「遠いから、めんどうだな」とあきらめるのは簡単なこと。しかし、私はあきら

めずに遠いところにも訪問することで、エリア外で多くの販売台数を稼ぐことができたのです。

予算を超えても喜んでいただけた

広島マツダ時代のあきらめの遅いエピソードは、遠方のお客様への営業活動のほか、価格についてもあります。

当時、私をかわいがってくれたスナックのマスターとママがいました。私にとって親代わりとして慕っていた人たちです。そこに飲みに行ったとき、ママさんから「てっちゃん（＝山坂）、中古車はダメよね？　予算50万円ぐらいで、中古車がほしいというお客さんがいるんだけど。てっちゃん、相談にのってもらえる？」と言われました。

普通の新車の営業マンなら、おそらく「中古車」と聞いた時点で、あきらめます。たとえ大事な人からの相談でも、普通は断るでしょう。新車担当の営業マンが、中古車の相談にのるのは面倒ですし、営業成績には関係ないですから。

しかし、私はすぐに「いや、大丈夫です。ぜひ紹介してください！」と返答し、紹介してもらいました。

私はその人にお会いし、約78万円の新車、ファミリアのスタンダードをおすすめしました。提出した見積書は約13万円程度を値引きして65万円ぐらい。予算の50万円より少し高い価格ですが、私はこのように説明しました。

「中古車だったら3年以内に1回は車検を受けないといけませんよ。これは新車なので、3年間は車検を受ける必要はありません。車検の費用は10～15万円ぐらいかかりますから、その費用を考えたら、この新車の価格は当初予算と変わらなくなります。ただし、初期の登録諸費用が新車と中古車では違っていて、新車の方がちょっと高いですが辛抱してください。その代わり、保証も3年間ありますから安心して運転することができます。それともうひとつ、一番違うところがあります。それは、ドアを開けてみてください。新車の香りがプーンとしますよ・・・」。

そう話すと、新車のファミリアを喜んで買っていただけました。

もし、私が最初から「新車は無理」だとあきらめていたら？

当然、新車のファミリアは売れていないでしょう。たとえ予算通り50万円以内の中古車をおすすめしたとしても、そのファミリアよりも満足していただけないようなクルマになっていたと思います。

どうすれば、お客様に本当に喜んでいただけるのか？　その人の気持ちになって考えると、簡単にはあきらめてはいけないことに気づきます。

営業マンがあきらめるということは、お客様の気持ちまであきらめさせること。目先の予算にとらわれず、お客様の気持ちになってください。

希望車種とは違っても喜ばれることがある

広商野球部の先輩に、亜細亜大学の野球部でキャプテンを務めた後、東京の社会人野球で活躍していた人がいました。その先輩が広島にUターンし、マツダの下請け企業に転職しました。当時、その企業の社員はマツダ車に乗らないといけないというルールがありました。

その先輩が、広島マツダで働く私に電話をかけてくださいました。

「山坂、マツダのコスモの中古車を買いたいんだけど、来てくれ」

私は「はい、わかりました！」と言って、すぐに飛んで行きました。

先輩が欲しいと言ったコスモは、マツダが誇るスポーツタイプのクルマです。

「山坂、頼むぞ、コスモの中古車」と言われました。

「ちょっと先輩、ひとつだけ、お願いがあるのですが」

「なんだよ⁉」

「先輩、実は僕は新車の営業マンなんです。中古車じゃあ自分の実績にならないので新車にしてもらえませんか。いいようにしますので」

「えっ、新車しかダメなんか。じゃあ仕方ないのう、新車にするよ」

「先輩、ありがとうございます。実はあともうひとつ、お願いがあるんです・・・」

「まだ、あるんかい（笑）。一体なんだよ⁉」

「先輩、すみません！　実は販売チャネルが違って、コスモを扱っていないんです。ルーチェならあります。ルーチェにしてください！」

「お前、仕方ない奴だなあ（笑）」

そう言って、最終的に高級セダンのルーチェを買っていただきました。

最初から、「自分はコスモの中古車を扱っていない」とあきらめていたらルーチェは売れていません。実際に会い、あきらめずに話していたからこそ、ルーチェの新車を買っていただけたのです。

こうしてお客様はＢＭＷに乗ることができた

私の息子が通う、学校の事務の先生の子どもさんから、車体をはじめ、諸経費すべて込みで１５０万円ぐらいのレガシィの中古車が欲しいと相談がありました。

私はすぐ、部下にレガシィの中古車を探すよう指示を出しました。と同時に、ＢＭＷ３シリーズの諸経費込みの１８０万円も探すように指示。私の勘だと、１５０万円の予算でクルマを探している人は、気に入ったクルマであれば１８０万円ぐらいまでは大丈夫だと思ったからです。

そうして見つかったのは紺色のＢＭＷの中古車。私も立ち会って車体をチェックすると、センターピラーのところにほんのわずかな傷がありました。気づかないような傷ですが直すことに決定。トランクの中を開き、ほんの小さなチリのようなゴミも取るぐらいキレイに清掃するように指示を出しました。

相談があったお客様にそのＢＭＷをおすすめすると、それが好みにピッタリ。すっかり気に入られ、すぐに購入していただきました。

「１５０万円のレガシィじゃないとダメだ」ではなく、あきらめなかったからＢＭＷを買っていただけたのです。そして、お客様も高級車のＢＭＷに乗ることができたのです。

先輩の名物監督に高級車を買っていただくまで

私がずっと親しくさせていただいている広島大学硬式野球部の先輩に、監督として府中東高校野球部を甲子園に導いた野々村直通さん（元・開星高校野球部監督、現・教育評論家）がいます。「ヤクザ監督」の異名をとった個性的な方です。私が広島大学1年生のとき、野々村さんは4年生でチームのキャプテンでした。大学卒業後もお付き合いが続き、野々村さんは府中東高校の監督時代、広島に宿泊するときはいつも私の家に泊まられていました。野々村さんから依頼され、府中東高校野球部の練習を手伝うこともありました。

そんなある日、野々村さんがうちに泊まりに来られたときのことでした。私が広島マツダの社員だったときです。仕事が終わって家に帰ると、野々村さんは私の母と祖母と一緒に食事をしながら一杯やっていました。そして野々村さんがこう言いました。「山坂、今日、黒塗りのグローリア（日産の高級車）の中古車を100万円で買ったんだ。５万円の手付金も払ってきた」。

私は即座にこう言いました。「先輩、先輩とのお付き合いは今日限りにさせてください！」。「なんでや！」という野々村さんに、私は「僕はクルマを売る仕事をしているのに考えられないですよ！」と語気を強めて言いました。

そう言うと野々村さんは、「それはすまんのう。でも、どうしても大きいクルマに乗りたかったんよ。お前のところ（広島マツダ）は、大きいクルマがないからなあ」と言われたので、「大きいクルマならマツダはルーチェの新型車が出たばかりで、これが先輩にはおすすめですよ」と話しました。すると「こりゃいいのう。でも手付金も払ってるぞ」「それは僕が条件的に良くなるように考えますから、ルーチェにしてください」と二人の話は進み、結果、野々村さんはグロリアをキャンセルし、私からルーチェを買ってくださいました。

普通、ここもあきらめてしまう場面でしょう。しかし、決してあきらめなければクルマを買っていただけるのです。余談ですが野々村さんはルーチェ購入にあたり、「ただし、条件がある」と付け加えられました。それは「うちのチームの練習を2日ほど手伝いに来てくれ」とのことでした。私は所長と相談してその条件を受けさせていただき、広島県府中市まで一泊二日で練習を手伝いに行きました。

ハチミツを売ったらクルマが売れた話

広島マツダ時代、倉橋島でカキの養殖とハチミツを販売している中学校時代の野球部の先輩に、新車のトラックを買っていただきました。その先輩からは続いて5万円の中古の軽トラックも買っていただきました。私はそのお礼に、先輩の販売している1本1500円のハチミツを売っていたことがあります。私があまりによくハチミツを売るので先輩は、「お前はすごいなあ。300本売ってくれたら、5万円の中古車じゃなく新車が買えたのに」と言われたので、私は「わかりました。300本売るので、新車にしてください」と言いました。

私は2～3カ月ぐらいで本当に300本のハチミツを販売しました。先輩は中古の軽トラックを買われたばかりなので、「自分が買うんじゃなくて、他に新車を買う人を紹介してもいいか？」と言って、友人の肉屋さんを紹介してくださり、その方にすぐに新車を買っていただきました。新車の販売をあきらめず、「1500円のハチミツを300本売ったらいいんだ」と考えたからこそ、新車が売れたエピソードです。

営業マンの気持ちがわかるお客様に認められた

ある浄化槽の維持管理会社に訪問し、ＢＭＷに乗っていただいている専務の方にごあいさつにうかがったときの話です。専務に「バルコムは対応が悪いから、もう来なくていいよ。それよりも、ここに来るならうちの仕事を取って来いよ」と言われました。

そのとき私は、最初に名刺交換したときに、専務が私に出そうとして引っ込めたお客様向けの営業用名刺に「よろしくお願いします」と自筆で書かれていた文字のことが頭に浮かびました。「この専務は、ご自身で営業をされている方で、がんばる営業マンの気持ちがわかる人かもしれない・・・」と思いました。

私は「わかりました！」と言ってその場を去り、その日のうちに友人に連絡し、浄化槽の維持管理会社に汚物処理を依頼している友人には、その管理会社を変更してもらうようにお願いしました。友人にとってはいままで依頼していた会社を変更するだけのこと。すぐに10軒が決まりました。

早速翌朝、「おはようございます！」と専務を訪問。「もう来なくていいと言ったじゃないか」と言われましたが、「仕事を取ってきました」と言って１軒分のリストを渡すと、専務は大変驚かれていました。私は翌日も１軒だけを持って、「仕事を１軒取ってきました」と専務を訪問。その翌日も、その翌日もリストを１軒ずつ持って行きました。それを毎日続けていたら、専務から「もう、仕事を取ってこなくていいから。クルマを買うときは次もＢＭＷにするよ」と言っていただけたのです。そして、「実はいま乗っているＢＭＷのボンネットを修理してもらったとき、色がおかしくなった気がする。あれを何とかしてほしい」と相談されました。

そこで塗装し直すことになり、ＢＭＷをお預かりしました。そのとき、代車として用意したのはＢＭＷの４ドアの最新車。専務はそのクルマを運転して気に入ったのでしょう。「この代車と同じＢＭＷの見積もりを持って来てほしい」と電話が入り、クルマを買い替えていただきました。

専務とのお付き合いはその後も続き、飲みに連れて行ってくださったり、商売のことを教えていただくなど、とてもかわいがっていただきました。何事もあきらめなければ、こうしてお付き合いは続くのです。

営業は断られたときからはじまる

広島県の瀬戸内海、生口島・瀬戸田町で開業されている歯科医院の先生がBMWのお客様でした。車検が近づいていることもあり、入社して間もない若い部下とともに営業訪問。当時はしまなみ海道が全開通していなかったので、因島からフェリーに乗っていき、夜に訪ねました。

そして「車検なので、新車に買い替えてください」と話しました。粘りましたが、最終的には断られました。

その夜はそのまま因島まで帰り、同行していた社員に質問。

「どう思う?」

「さすがに新車購入はダメだと思います」

「私も、ダメだと思う。でも、道端を歩いている人に、クルマを買ってくださ い、と１００人に言うよりは、明日もう一回、このお客様を訪問してお願いした方が、クルマを買っていただける可能性は高いと思う。10％は可能性があると思う」

そこで私たちは、因島に住む私の親友の家に泊めてもらい、翌朝もう一度、歯科医院の先生を訪ねました。

さすがに先生はビックリされていました。

「どうしたんや!」

「いや先生、どうしてもあきらめきれず、もう一回来ました。もう一回だけ検討していただけませんか?」

「あんたには参ったのう。実はのう、次はベンツにしようと思っとったんじゃ。わかった、ＢＭＷを持ってこい。付き合ったるわ」

そう言って、大逆転で新車のＢＭＷを再び買っていただきました。これも、「断られたから」とあきらめていたら終わっていた話です。

自分で言うのも何ですが、まさに営業マンの鑑のような、あきらめなかったからこそ成功した例です。

クルマの営業とは、これら1台1台の販売の積み重ね。他の人はあきらめるかもしれないけれど、あきらめなかった一つ一つが積み重なって大きくなる。

広島マツダ時代、トップセールスになることができたのは、あきらめるのが他の人より遅かったからです。「絶対にトップセールスになるんだ」という強い気持ちがありました。入社して1年半から2年半の1年間という、まだ入社して間もないにも関わらず、私がトップセールスになることができた理由は、これしか考えられません。

キーワード●

4 努力し・・・続ければ必ず結果が出る

学生時代はセンスで決まる。人生は努力で決まる

努力し・・・続ければ、必ず結果が出る――。

これはもう当たり前のこと。ここで最も大事なのは「努力する」ではなく、「努力し・・・続ける」という点です。

学生時代まではセンスで勝負が決まることが多いでしょう。小学校は６年間、中学・高校はたったの３年間ずつ、大学は４年間。それぞれ短い期間だから、たとえばクラブ活動の場合、センスのある人がレギュラーになりやすい。勉強でいい点数を取るのは、「記憶力がいい」「もともと頭がいい」といった勉強のセンスがある人の方でしょう。

しかし、人生全体はそうではありません。人生は長丁場。果たして、センスだ

けで勝てるでしょうか？

私の経験上、センスがあろうがなかろうが、努力し続けた人こそ報われていま
す。なぜなら、人間は横着にできているから。

ほとんどの人は努力することはできても、努力し続けることは苦手なのです。
だから、それを克服すればいいだけ。たとえセンスがなくても誰だって努力し続
けたら、センスのいい人に対して勝てる可能性が出てくる。一方で、センスのい
い人が努力をし続けた場合、さらに大きく成長する可能性が高まります。

もし、自分のライバルがセンスのいい人だったら、こう考えればいい。「その人
はきっと努力はする。でも努力をし続けることは苦手だろう」と。だから、「あの
人には勝てない」と最初から負けだとあきらめる必要はありません。「努力し続け
て必ず勝つ」と信じて努力し続けてください。

営業の仕事もそう。確かに、感じが良くトークのセンスがある人は、トップ
セールスになる可能性が高い。最初から結果が出ることもあるでしょう。

一方、そのセンスに欠けている人は、最初は口下手。お客様に「何だ、この人
は!?」と思われることもある。営業という仕事に向いてなさそうに見える。しか

し、そんな人でも、地道にやるべきことをやればいいのです。約束や時間を守るのは当然のこと。「お客様のところに訪問しよう」となったら何度も訪問する。そうやってずっと、まじめに努力し続けて、言われたことをきちんとやっていたり、約束事を守っていたりするといずれ信用になります。お客様との付き合いが実に長くなる。たとえトークが苦手であっても、上手になるための努力をし続けていたら上達するものです。センスのいい人以上に、上手に話せるようになるかもしれません。

努力し続けるということは、野球にたとえると素振りと同じ。監督から「上手になりたかったら、毎日バットを振れ！」と言われ、毎晩、本当に家で素振りをすることができるかどうか。素振りをすることなく、果たしてバッティングが上手になるでしょうか。ビジネスマンでいうと、「新聞は毎朝読んだ方がいい」と言われたら、読んだ方がいいに決まっています。

何度も言います。大事なのは、努力ではありません。努力し続けること。そうすることで必ず、人生という長丁場をより良いものにしてくれます。学生時代、

「努力したが、センスのいい人には追いつけなかった」という人も、そのまま努力し続けていたら、人生では逆転できる可能性が出てくるものです。

努力し続けることで、社用車すべてがマツダ車になった

努力し続けることで、クルマが売れたエピソードのひとつを書いておきましょう。私の広島マツダ時代、あるお客様の会社に訪問したときの話です。その会社には社用車が10台ぐらいありましたが、当初、その中にマツダ車は1台しかなく、マツダの関連会社に行くときだけのために用意されたものでした。

私は、他の社用車もすべてマツダ車に変えていただくように営業をかけていました。しかし、その会社の総務課長が言うには「(何度も)来なきゃダメだよ」とのこと。

私はそのとき、どう思ったのか?

「あ、行けばいいんだ」と考えました。

「毎日通えばＯＫなんだ。それだけでマツダ車を買っていただけるんだ」と私は考え、毎日のように通い続けました。そのとき必ず、社内のみなさん全員にあいさつをしていました。

すると、ある日のこと。総務課長は既存の取引先から社用車を買い替える見積書を取っていました。それを私に見せながら、「はい、じゃあ、この見積書の価格より少し下げて、マツダ車の見積書を作ってもらえる？」とひと言。その後、他のクルマも次々とマツダ車に替わっていき、この会社のすべてのクルマがマツダ車に替わったのです。

この総務課長は、私が足を運ぶといつも喫茶店に連れて行き、いろいろなことを教えてくださいました。私はまだ若造でしたから。

そこで言われていたのは、「（何度も）来なきゃダメだよ」と言う言葉についてです。

「普通の営業マンは、４回ぐらいまではよく足を運ぶ。そこで、そろそろ話を聞いてやろうかなと思っていたのに、その頃からもう来なくなる。山坂君は、本当に毎日来たね（笑）」。

その総務課長とは、いまだに年賀状のやりとりをしています。

努力し続ければ、あの山坂だってピアノが弾ける

バルコム30周年記念パーティーを開いた年の5月、私は自宅を新築しました。その新築祝いのパーティーを自宅で開催。広島で活躍するヴィオラ奏者の沖田孝司さん夫妻をはじめ、エリザベト音楽大学でピアノ、バイオリン、声楽を学ぶ学生たちにリビングで演奏してもらいました。

私は感動しました。「やっぱりええのう、生の音楽は・・・」。

そこで勢い余って、「今年の12月14日のバルコム創立30周年記念パーティーで、私はピアノを弾く」と宣言しました。

さらに、「そのピアノ演奏で入場するとき、30周年の記念オートバイを作って、それに乗って入場する」とも言ってしまいました。その日までに大型二輪免許も取得しなければなりません。

そこでまず、アメリカ製の大型バイクであるタイタンのアメリカ本社に連絡し、特別に30周年記念用にカスタムして、７５０万円で購入しました。

大型二輪免許は１週間で取得。問題はピアノの演奏です。私は何度も言うように、野球一筋。正直、音楽は大嫌いでした。が、宣言したのでやるしかありません。

ピアノは９月１日から練習をはじめました。私のピアノの個人レッスンを、エリザベト音楽大学大学院の学生さんに依頼。『マイウェイ』を弾くことに決めました。

ピアノの家庭教師さんに教えてもらったのは、１週間に１回１時間ほど。でも、最初は30分で終了。「もうこれ以上、教えられても吸収できそうにない。次回のレッスンまでに仕上げることは難しい・・・」といった状況。前奏から弾いていると何の曲なのかが自分でもわからないので、主旋律から教えてもらいました。

練習は続けました。何事も、努力し続けるのが大事であることを知っていたからです。途中、うちの嫁さんから「実は私もピアノを習いはじめたのよ。もし、あなたが当日にピアノを弾けないようだったら、代わりに私が弾こうと思うのよ」。そう言われてカーッとなり、なおいっそう、練習に燃えました。

練習は毎晩、行うようになりました。仕事から帰宅してからなので、夜中の12時、１時頃に帰ってから、１～２時間ほど練習を毎日毎日やり続けました。

ピアノの家庭教師さんに教えてもらう練習時間は、１時間から長いときは２時間近くになることもありました。ピアノの先生からは「私の生徒さんの中で一番まじめに練習をしている」と言われたほどです。

そうして３カ月半。音楽嫌いだった私が、ピアノを弾けるようになりました。広島プリンスホテルで開かれたバルコム創立30周年記念パーティーの当日、私はタキシード姿になり、来ていただいた３００人を超える人の前に登場。無事、ピアノ演奏を実現することができました。大型バイクのタイタンによる入場は、会場の都合でできませんでしたが、ホテル屋外でお披露目。パーティーは大いに盛り上がりました。

ピアノを習って気づいたのは、人間やればできるということ

この経験によってわかったのは、やはり人間はやれば何でもできるということ。努力し続ければ必ず結果が出るということです。

私は子どもの頃、音楽が大嫌いでした。小学校のときは、音楽の先生に「ド」の音を出してみて、と言われて「ドー」と言ったら、「はい、これは悪い例ですよ」とみんなの前で言われた経験があります。私は学校の成績が良い方で、ほとんどの教科は５段階評価で４か５でしたが、音楽だけは３か４。だからずっと音楽とは距離を置いていたのに、生の音楽を聴くことで音楽の魅力を知ったとはいえ、私が３００人を超える人の前でピアノを弾くことができたのは、まさに奇跡でしょう。

ピアノを練習しはじめた当初、演奏で使えたのは右手だけ。それが左手も使えるようになり、足も使えるようになった。お風呂に入っても、水面をピアノのけん盤に見立ててパシャパシャと練習をするほど夢中になりました。

「人間の力はすごい。まさか私が右手、左手と足を同時に使ってピアノを弾けるようになるなんて」とつくづく感じました。

夜、クラブに飲みに行ってピアノを見つけると、演奏させてもらうようになりました。少し弾けるようになった頃、まわりの人に見られると、緊張で手が震えていました。でも、私がピアノを弾くとたいていは驚いて、みんなが近寄ってくる。これがまた快感なのです（笑）。もう広島市内のほとんどのクラブで弾かせてもらったと思います。そうしていると手も震えなくなってきました。

奇跡を起こすには、有言実行。まず、思い切って発表して自分で追い込む。やらないといけないことがあれば、みんなに発表するといいでしょう。さらに期限も決める。人間やればできるという言葉は、本当です。努力し続ければ大丈夫です。

努力し続けるのは、仕事もプライベートも

努力し続けることの大切さは、仕事に限らず、プライベートな場面でも言えます。

私はここ数年、ゴルフも努力しはじめました。ゴルフは、やりはじめると絶対に意地になって夢中になってしまうことがわかっていたので、それまでずっと練習はしませんでした。練習をせずにゴルフ場に行き、「本番のプレイ自体を練習だ」と言っていました。だから、55歳までは打ちっぱなしの練習に行ったのは10回ぐらい。それが8年ぐらい前に、あるゴルフの先生と出会い、考え方がとてもしっかりされているので「この人なら大丈夫かな」と思って、教えてもらうようになりました。

最初の5年ぐらいは、ほぼ毎日、ゴルフの練習をしました。最近3年ぐらいは仕事が忙しすぎてできていないのが残念なところです。

努力は続けていますが、まだ極めることはできていません。みんなは「もう自

信を持っていいんじゃない？」と言ってくれるのですが、私が求めているところはちょっと違うのです。

野球をずっとやってきた私には、考えがあります。それは、「きちんと正しいやり方でやったら、正しい結果になる」ということです。

だから、正しいやり方がわからないうちは、うまくいかないのは当たり前。たまたま手先で打ってうまくいくことがあっても、自分は絶対に納得できない。

私は毎日練習を続けているうちに、正しいフォームがわかってきました。力の入れ具合も。ただ、練習場で学んだ正しいフォームが、実際にコースに出たときにできていなければ安定性がない。たとえそのときは、いいスコアを出せたとしても。私はいつだって安定して80台前半で回りたいのです。実際はゴルフの練習をはじめる前とスコアはほとんど変わっていませんが・・・。

ゴルフは仕事とは関係ない、と思われるかもしれません。しかし、仕事もプライベートもともに充実させるべきでしょう。そのためには、ともに努力し続けること。仕事もプライベートも努力し続ければ必ず結果は出ます。

キーワード●

5　同じ人間のできることはできる

世界一の大富豪と呼ばれた経営者と会ってわかったこと

昔、広島プリンスホテルがオープンしたときのパーティーに、私は招待されました。このホテルのオーナーは、当時、コクド・西武鉄道などのグループのオーナーであった堤義明氏。日本を代表する実業家であり、アメリカの経済誌「フォーブス」で世界一の大富豪と取り上げられた人物です。当時、経済界では圧倒的にすごい人でした。

私はこのパーティーで、初めて堤氏と対面。壇上で堤氏があいさつのスピーチをされる姿を、じっと見つめていました。私と何が違うんだろう、そう思いながら。

堤さんには、目が2つある。口は1つ。耳も2つ、手は2本・・・。

そう、私と一緒なんですね。「私と一緒じゃないか、同じ人間だ」。

もし堤さんに、目が10個あったら私の5倍はいろいろなものを見ることができる人なのかもしれない。口が5個あったら、私の5倍しゃべることができる人かもしれない。

でもそうではない。私と同じ人間なんです。それにしても、同じ人間なのに、私と一体何が違うのか？

「そうか！」。信用が違う。財産が違う。

それなら、その小型版なら自分はできるかもしれないと思いました。確かにこの堤氏ほど私には信用はない。財産もない。でも、自分が持っている信用、財産の範囲内でできることは、まだまだたくさんあるはず。私は決して、圧倒的に負けているわけではない。そう思うと、自分に自信を持つことができました。

ハーレーダビッドソンのビジネス

バルコムをはじめ、昔からＢＭＷディーラーをやっている会社はＢＭＷの四輪と二輪、そして二輪のハーレーダビッドソンを販売していました。

しかしある時期、気づくとＢＭＷのディーラーは、ほとんどが二輪のディーラー事業から撤退していました。理由は、二輪が儲からないから。ＢＭＷの二輪とハーレーダビッドソンの販売を昔からずっと続けているのは、日本国内でおそらくバルコムと埼玉県にある会社の２社だけ。いまではバイク乗りにとって一番の憧れのバイクであるハーレーダビッドソンですが、日本国内ではそういう低迷期が続く時期があったのです。

正直、「私も二輪ビジネスはやめよう」と度々考えましたが、これは、父が生前にせっかく残してくれた事業。どうしても、やめる決断ができませんでした。

そのまま、あまり会社としては力を入れず、地道に販売を続行。すると、次第にハーレーが持つ独特の世界観に火がつき、高級車であるハーレーダビッドソンが少しずつ売れはじめていきました。これはビジネスチャンスだとひらめきました。

私はすぐにハーレーダビッドソンの専門ショールームを作ることを計画。二輪ビジネスに大きく力を入れ、事業を拡大することにしました。まず、広島市中区白島に第一号店を出店する準備に入りました。

そのとき、東京の、ある二輪販売会社の役員をしていた人が退職したという情報を聞きつけ、私はすぐに東京に足を運んで直接会い、うちの会社にスカウトしました。入社した彼に、私は質問しました。「いま、日本で成功している二輪ビジネスの会社といえば、どこをあげる？」。

彼は返答しました。「レッドバロンだと思います」。

「レッドバロンの社長と面識はあるか？」と聞くと、「社長とはないですが、レッドバロンの貿易部長なら知っています」。よし、これで会える。貿易部長に連絡を取り、社長に会えるように段取りをしてもらいました。

二輪ビジネスの成功者と会い、同じ人間であることを確信

そして、愛知県岡崎市にあるレッドバロン本社へ。

日本の二輪ビジネスの世界で成功をおさめている会社の社長と初めて対面しました。よく時間を取っていただけたなあと思います。レッドバロンの社長は、「バルコムは、いまバイクの在庫が多くて困っている。ぜひ在庫のバイクを買い取ってほしい」と私が相談するだろうと思われたのかもしれません。

私は単刀直入に教えを乞いました。「社長、すみません。今日はお時間を取っていただいて。社長は二輪ビジネスで成功されていますが、どうしてこのように成功できたのかを教えてください」。

当初いただいた予定時間は1時間。それが3時間近く話していただきました。

当時、どんどん出店していた勢いのあるレッドバロンの社長の話はこんな内容でした。「店づくりをするときに、どうやってコストを抑えているのか」「こうい

うことを考えながら店を作っている」「オートバイは車両保険が高いので、こんな戦略で安くして提供しようと思う」など、さすがに日本を代表する社長だけに、考え方が柔軟で発想が豊かだと思いました。

帰る道中、私に同行した部長に「今日は何が勉強になったか⁉」と聞いたら、彼は説明されたそれぞれの項目を上げ、勉強になったことを話していました。今度は逆に、その部長から「山坂社長は今日、何が勉強になりましたか？」と聞かれました。

誤解を招く言い方かもしれませんが、私はこう答えました。

「今日一番勉強になったのは、あの社長が話してくださった発想ぐらいだったら、自分でもできそうだと思えたこと。あの発想で、これだけのビジネスができた。大成功した。だったら山坂でも、バルコムの二輪ビジネスをレッドバロンに匹敵する事業規模にすることができるかもしれない、そう感じることができた。そして、レッドバロンの社長も私も同じ人間なんだ、同じ人間にできないことはないと感じられた。これが最も今日、勉強になった」。

決して、レッドバロンの社長の話がつまらない話だったというわけではありません。むしろ普通の人が聞いたら、驚くような話ばかりだったと思います。しかし、私がどう転んでも絶対に力が及ばない、とは思わなかったということです。コストを抑える方法は私も考えていますし、そのとき聞いた話は、全く思いも寄らなかったことではなく、自分の考えられる範囲のこと。私が強がってそう感じたわけではないのです。すごい人だと聞いていましたが、全く足元にも及ばない発想ではなかった。私と同じ人間である。同じ人間なのだから、同じようなことができるはずだと確信しました。

自分は絶対にできるはずだという確信と自信を得られたのが、その後の大きな財産となりました。

新規事業の立ち上げのときに必ずやっていること

バルコムはこれまで新規事業をいろいろと立ち上げてきましたが、はじめるにあたって、私はいつもほぼ共通してやっていることがあります。それは、その事業で成功した人に会い、直接、話を聞くこと。バイク事業を拡大するときもそう。お好み焼きと居酒屋メニューが楽しめるという新しいコンセプトの飲食店「鉄ぱん屋 弁兵衛」を出店するときもそう。いつも、「教えてください!」と頭を下げ、教えていただく。

新プロバスケットボールリーグBリーグ開幕(2016年)のときから、私は「広島ドラゴンフライズ」の後援会長を引き受けていますが、そのときも、これまで同様、成功した人に会って、直接話を聞いています。

私は野球をずっとやっており、バスケットボールについては素人同然。そんな私がなぜ、後援会長を引き受けたのか?

きっかけは、広島大学の先輩である広島県バスケットボール協会会長の青木さんに頼まれたから。青木さんと、当時の広島ドラゴンフライズ社長・岸房さんが私を訪ねて来られ、「広島ドラゴンフライズの後援会を作って、法人会員を1000社に増やしたい。ぜひ、後援会長を引き受けてほしい」と頼まれました。

私は「わかりました。広島ドラゴンフライズで広島の町おこしをしましょう。広島カープとサンフレッチェ広島に続いて、広島県民、広島の企業のみんなが応援するような第３のプロチームに育て、いつかＢ１リーグで優勝させましょう」と応え、後援会長を引き受けました。

残念ながらＢリーグ開幕時、広島ドラゴンフライズは１部リーグではなく、２部リーグのスタート。最初から１部リーグに入ることができなかった理由は、チームの経営基盤がまだまだ強固ではなかったから。私は考えました。どうすれば、広島ドラゴンフライズを通して、町おこしを成功させるチームにすることができるのか？　スポーツで町おこしを成功させているチームはないのか？

すると元・広島県サッカー協会事務局長であり、いまはバルコム執行役員の中山から、町おこしで成功しているプロサッカーチームの存在を聞きました。それはサッカーＪ２のファジアーノ岡山です。ファジアーノ岡山はＩＴ企業に勤めていた木村正明さんが社長になってからは、岡山県民と岡山の企業を巻き込んで盛り上がっており、「Ｊ１に昇格しそうな勢い」であるということでした。

私は「そのファジアーノ岡山の木村社長に会いに行こう」とすぐに行動。広島ドラゴンフライズの清水部長と一緒に行きました。木村社長と直接会って、どのようにしてここまできたのかを聞きました。彼はとても親切に、「応援しましょう」と言って教えてくださいました。

サッカーJリーグは売り上げが30億円あれば、選手に使えるお金が多くなり、J1に昇格する可能性が高くなるとのこと。そこでファジアーノ岡山は売り上げを増やすために、多くの企業を巻き込む方法をとったそうです。社長をはじめ、社員たちが岡山県内の政財界をしっかりと回り、協賛企業を増やしたり、地道なファンづくりに取り組んだりしたということでした。

その話を聞いた私は、広島県民・広島県の企業がどうすれば広島ドラゴンフライズを応援し、広島県の町おこしになるのか？　またどうすれば広島県内の後援会員を増やして組織化できるのか？　その道筋を一生懸命、描きました。

地方のプロスポーツチームの運営は、なかなか大変なことでしょう。しかし、きちんと成功させているチームもある。成功させたのは、私たちと同じ人間。たとえ、素人であろうとも「同じ人間なのだからできる」、そう信じれば、何だってできるはずです。

それらの成功例を知ることで、自分たちがどうすれば成功できるのかが見えてくる。そのためには、成功した人に直接会って話を聞けばいいだけのこと。成功者に話を聞くことが、成功への一番の近道です。

一流になりたければ、猿マネからはじめなさい

私が社員たちによく言っているのは、「猿マネしようよ」という言葉。「猿マネ」は世間一般では、あまり褒め言葉として使われません。しかし、最初はそれでいいのです。猿マネを続けているうちに、自分らしい強みをもったすごい人に必ずなれますから。

まずは、目標とする人を見つけましょう。営業マンならトップセールスでしょう。同じ人間なんだから、トップセールスになれる可能性は誰にでもある。その

トップセールスに追いつくために、すべてを猿マネするのです。トーク、表情、アポイントの入れ方、訪問スケジュールの立て方など行動形式も猿マネする。

そうしてそのトップセールス本人になりきってみる。自分が何かするとき、何かあったとき、「あの人ならどうするのか?」と考え、実際に行動する。

そのトップセールスの猿マネが、ある程度できるようになったら、今度は別のトップセールスの長所を同じように猿マネする。そしてまたそれが、ある程度できるようになったら、また別のトップセールスの長所を猿マネする。

こうして3人のトップセールスを猿マネすることができたら、そのとき、必ずあなたはその3人よりもすごい営業マンになっています。それはなぜか?　なぜなら、あなたには、あなたの良さが必ずあるからです。3人のトップセールスの長所に、あなた本来の良さがプラスされる。それは当然、最強でしょう。決して、猿マネすることに躊躇しないでください。猿マネという言葉で表現しましたが、ここで私が言いたいのは、「目標にしている人から学ぼうとすることが大切です。同じ人間のできることは、自分だってできるんだから」ということです。

キーワード● 6 人間の器

人間の器は、必ずしも大きくはならない

「人間の器」。私はあるときまで、これはどんどん大きくなっていくものだと思っていました。人間の能力はすごい。はかりしれない。だから器はどんどん大きくなる。限りなく大きくなり、人は成長し続けることができる。そう思っていました。しかし、そうではありませんでした。これは現実です。

以前、現場でガンガン仕事をしていたときは大活躍をしていたけれど、マネージャークラスになってからは、器が大きくならない社員がいました。成長が止まり、自分の役割は果たせない。現場もうまくまわらない状態が続きました。

私はその社員にアドバイスしたり、何度も話し合いの時間を取ったりしました。

何とかしたかったのです。しかし――。

その社員は行動を変えないどころか、私に聞く耳さえ、傾けてくれないのです。結局、状況はいっこうに良くなりませんでした。

このときから、私は「人間の器」について考えるようになりました。一体どうして、彼は器が小さいままなのか？　どうすれば、人間の器は大きくなるのか？

人間の器を大きくする、たったひとつの誰にでもできる方法

人間の器が大きくならない理由。それは、人の言うことを素直に聞かない姿勢にあります。

「人の言いなりになれ」「社長や上司の言うことは、何でも従え」と言っているわけではありません。

聞く耳を持たない人は、器が大きくならないと言いたいのです。逆に聞く耳さ

えあれば、器はどんどん大きくなります。

この一件以来、私自身それまで以上に気をつけているのは、人から話や意見を聞くときは、フラットな状態にして耳を傾けて聞くこと。たとえ確固たる意見が、自分の中にあろうとも。

まずは素直に人の言うことに耳を傾け、話の内容を聞いてみる。まずはいったん素直に受け入れてみる。もし聞いてみた上で冷静に考え、納得できなければそれでいい。そのときは自分の思う通りにすればいい。

でも、「自分の考えは絶対に正しい」「私は決して変わらない」という思い込んだ気持ちで耳を傾けていたら良くありません。最初から、自分の考えを確定してはダメなのです。人から意見を聞いた上で、自分の意見と比較して選べばいい。

ではなぜ、この山坂は人の話や意見に耳を傾けようとするのか？　こう見えて、意外に山坂は素直なのか？

それは、損をしたくないから。器を大きくしたいからです。

私は損をするのが嫌なのです。大嫌いです。この会社、バルコムに損をさせたくないのです。人の意見を無視し、耳を傾けない。自分が正しいと思い込む。それはただの自己満足です。結果的に損をすることになると全く意味がありません。

とにかく人の意見に耳を傾ける人。新しく本を読んだとき、そこに書かれていた内容をまずは受け入れることができる人。いったんはゼロベースで、何事に対しても素直に受け入れる準備がある人。そういう人こそ、結果的に「人間の器」が大きくなっているのです。

逆にそうではない人。自分がいったん思い込んだら人の意見は一切受け入れない、そういう人は実際に器が大きくなっていない。

ぜひとも、この本を読んだみなさんには、自分の意志や意見はしっかり持ってほしいと思っています。でも何かあったときは、「ちょっと待てよ」という気持ちを持ち、フラットな状態で人の意見に耳を傾けてほしいのです。本もたくさん読んでほしい。講演も聞いてほしい。先輩から経験談や意見を聞いてほしい。そして最終的に、「やっぱり自分が思っていたことの方が正しい」でもいい。決して、人の意見や本に書いてあることすべてに感化されなさい、と言っているわけではありません。

フラットに、ゼロベースで、いろんな意見を聞ける準備をしておく。それが器を大きくするコツです。

人の話をダンボの耳で聞くと、人間の器はどんどん大きくなるということです。

キーワード●7

水の流れと人の意志

ラクな方に流れてもいいのです

水の流れは、高いところから低いところに流れる――。

これは当たり前のことです。同じように人間というものも、辛いところからラクな方に、ラクな方に流れるのは当たり前のことなのです。辛いことよりもラクな方を選びたい。そう考えてしまった経験は、誰にでもあると思います。

ラクな方を選びたいと考える自分は、ダメな人間なのでしょうか？　反省すべきでしょうか？

いや、反省する必要はありません。「自分は、やっぱりつまらん人間なんだ」と自分を決して否定しないでほしいものです。

私だって同じです。山坂哲郎は強い人間だと思われていますが、やはり人間です。辛いことより、ラクな方に流れたい人間なのです。人間とはそういうもの。みんな誰もがそうなのです。ラクな方、ラクな方に行きたい気持ちはよくわかります。「横着したいのう」と思ってしまったとき、自分を卑下しなくていい。人間だから当たり前なのですから。

ただ、大事なことがあります。ラクな方に流れたい気持ちを、せき止める意志が自分の中にあるかどうかです。

いまは絶対にラクな方に行ってはいけないとき、「ちょっと待てよ」という意志が芽生えるかどうかです。もしも仕事で大変な状況になったとき、逃げだしたくなったとき、「いや、ちょっと待てよ」と踏ん張れるかどうか。

そういう場面のとき、自分はどういう人間でありたいですか？　私はそんなときこそ、強い意志を持てる人になりたい。そこを乗り越えれば、成長に必ずつながります。

キーワード● 8

瞬間を生かす（一処懸命）

「一生懸命」ではない。「一処懸命」に生きる

「一処懸命」という言葉を知ったのは、広商野球部の1年生のとき。夏に禅寺で合宿があったときのことでした。そこで座禅を組んだときに、和尚さんが説教してくれました。

「一生懸命という言葉があります。これは一生に命をかけるという意味です。しかし、それは当たり前のこと。みんな一生に命をかけて生きています。それではダメなんです。一つの処に命をかけるんです。一生という長い期間ではなく、その処その処、その瞬間その瞬間に命をかけてみなさい」。この話は強烈に印象に残りました。

のちに本を読んだり、講演を聞いても、「瞬間を生かす」「いまというときは二

度と帰らない」という同じような言葉がよく出てきます。一生に命をかけるのではなく、ひとつの処、そのときそのとき、その瞬間その瞬間に命をかけるのが大切なのです。

病院でこう言われたら、あなたはどうしますか？

「あなたの命は、あと残り3カ月です」――。

もし、こう宣告されたら、一処懸命考えると思うのです。

「残り、どうやって生きようか」「この3カ月、一日一日をどのように過ごそうか」。

普通に生きている多くの人は、一日一日をそこまで本気に考えません。多くの人は、自分は平均寿命の80歳以上は生きると思っています。だから自分の残された命についてあまり考えず、なんとなく過ごしてしまう日々が大半だと思います。

それが3カ月先だと言われたら、ちょっと焦ることでしょう。

大事なのは、「3カ月で、自分の命はなくなる」と考えて行動する一日と、「85

歳、90歳ぐらいまで自分は生きるだろう」と思いながら、ごく普通に過ごす一日。余命3カ月と宣告された人も、そうでない人も、どちらの一日も同じ一日ということです。

ガンが再発した母は、手帳に予定を目一杯書き込んでいた

私の母親は、12年前にすい臓ガンで亡くなりました。一度手術をしてからは良かったのですが、3年半後にガンが再発。それから母は、スケジュール手帳にびっしりと予定を書き込んでいました。後でわかったことですが、私の高校・大学の友人みんなに、私に内緒で会いに行っていたようです。

母はそれぐらい、一日一日を大事に生きていました。余命がわかり、毎日を大事に生きたからでしょう。充実した日々を送り、最期は安らかに眠りにつきまし

た。

大切な家族が亡くなると、人の命という現実を目の当たりにします。自分自身の一日一日、いや、この瞬間、この瞬間をいかに過ごすのか？「私はいま全力なのだろうか」と常に問いかけるきっかけとなります。

私はよく出張に行きますが、東京から帰るときの新幹線は約4時間かかります。ある日、東京駅を出て2時間半ぐらいたったとき、「早く広島に着いてほしい」と思うことがありました。そのとき、気づいたことがあります。

「残り1時間半かかる広島に早く到着したいということは、早く自分の人生を終わらせたいということと同じではないか」。

もっと言うと、もし自分の寿命がわかっていたなら、もし人生の到達点が見えていたら、そこに早く着きたいと思いますか？　早く広島駅に着きたいということは、自分の寿命が終わるところに早く行きたい、ということと同じことなのです。だから、広島に着くまでの新幹線の中の1時間半を、「早く着かないかなあ。退屈だなあ、嫌だなあ」と過ごすのか？　それとも「この1時間半でできることをやる。しかも全力で！」と考え、たとえば、自分の人生や仕事にとって勉強になる本を読んだり、仕事をしたり、新しい事業を考えたり。もし余命が見えていたら同じ1時間半でも、全く違った過ごし方になることでしょう。私たちの人生は限られた時間だということを忘れず、大切に時間を過ごしてほしいものです。

かと言って、思いつめて自分の命について、あまり深く考えすぎるとノイローゼになるかもしれません。だからほどほどにしてほしいのですが、頭の片隅には入れておいてほしい。

「少しでも大切に毎日を生きよう」「日々、この瞬間この瞬間を有意義なものにしていこう」と思ってほしいものです。ひとつの処（ところ）に命をかけて行動してみてください。「一処懸命」に！

キーワード●9

目標の視覚化

目標を立て、達成するまでの絵（ストーリー）を描く習慣をつける

目標の視覚化とは、目標をはっきりとさせること――。

目標は数字を入れるとわかりやすくていいでしょう。営業マンなら「1カ月に10台売る」と目標を決めて文字に書く。

では、どうすればその目標が達成できるのか？

それも文字に書く。そして、目標達成までの絵（ストーリー）を描く。ポイントは必ず結末まで絵（ストーリー）を描くこと。小説家やシナリオライターが「どんな物語を作ろうかな」と考え、あらすじを作ることと同じ。だから、あなたは小説家やシナリオライターにならないといけない。または画家にならないといけない。

はっきりとした絵（ストーリー）を紙に描きましょう。頭の中で考えたり、思ったりするだけではダメ。人は視覚化されたものでないと、本当の意味で理解はできないものです。

ただし、その絵（ストーリー）は変化していきます。状況は常に変化するので、最初から描いた通りには進まないと考えておいた方がいい。その都度、絵（ストーリー）を描き換えていく。そうして、いくら描き換えてもその結末は、いつも目標を達成している同じ絵（ストーリー）にしておくこと。

「絵（ストーリー）を描き換えなければならないのなら、最初に描いても無駄ではないか？」と思われるかもしれません。でも、最初に描くことが大事です。描かないとストーリーは何もはじまらないし、しかも場当たり的な仕事のやり方になってしまいます。

状況が変われば、絵（ストーリー）はすぐに描き換えればいい。まずは、はっきりとわかるように数字や文字で目標を立て、目標を達成するための絵（ストーリー）を描き、そして状況が変わるごとに描き換えていく。目標を達成するには、その習慣を持つことが何より大事なのです。

営業マンやビジネスマンの絵（ストーリー）の描き方

何に関しても必ず目標を立て、どうやって達成するのかを考えなければなりません。

営業マンとその上司の、ありがちな会話です。

上司「どうやって目標数字を達成する？」

部下「がんばります！　やります！」

上司「で、どのようにがんばるの？」

部下「とにかくがんばります！」

上司「具体的にどうがんばるの？」

部下「いや、ひたすらがんばるだけです！」

・・・この会話を見る限り、目標数字は達成しそうにありません（笑）。

営業マンの場合、購入見込みのお客様にお会いした瞬間に、最後に成約して買っていただくまでの絵（ストーリー）を思い描く。それは「この人に対してどうやって買っていただこうかな」と成約までのあらすじを考えることです。

そのお客様の情報が少なくても、少ないなりに絵（ストーリー）は必ず描くこと。情報が増えたら絵（ストーリー）が変わることもある。そのときは描き換えればいいだけ。

たとえば奥さんが出てきて、「何よ、あなた。お金がないのに」とご主人に言っている姿を見たら、「あ、決定権者は奥さんなんだ」という情報が新たに加わる。そうすると、その奥さんにクルマの購入を賛成していただくためにはどうすればいいのかと考え、絵を描き換えればいいのです。

最初に思い描いた絵の通りにストーリーが進むことは滅多にありません。ときにはありますが、進まないと思っていた方が柔軟に絵（ストーリー）を書き換えることができるでしょう。

これは営業マンに限らず、たとえばメカニックの人であれば、マイスター（BMW整備の最高資格）になるための自分の姿の絵（ストーリー）を描き、どうすればその姿になることができるのか、そのストーリーを考える。資格を取得したいという人や、課長や役員になりたいという人も同様のことをすればいいでしょう。

売るだけでなく、利益を出す絵（ストーリー）を描いた経験

私は広島マツダ時代、入社2年目ぐらいからクルマを売るだけではなく、利益を出す売り方も意識した絵（ストーリー）を描くようになりました。

つくだ煮屋を営んでいるお客様のところに、トラックの代替えの商談で訪問したときのことです。金額などの条件提示をすると、「明日9時にトヨペットが来るから、10時に来い」と言われました。私は帰りながら、トヨペットさんが提示す

る条件を上回る条件を提示すれば自分からクルマを買っていただけるだろうと思いました。

しかし、その条件だと利益があまりに少なく、私はその金額では売りたくありませんでした。もっといい条件で売るにはどうすればいいだろう、とあれこれ考えていると、布団に入っても眠れません。そこで私はこんな絵（ストーリー）を描きました。

「トヨペットさんのセールスが訪問する前に、自分が先に訪問して商談を決めよう。つくだ煮屋さんだから朝は早いはず。朝5時に起きて、5時半に訪問すれば社長にお会いしやすいし、これだけ朝早く訪問すれば商談も決まりやすいかもしれない」

そして翌朝5時半に訪問すると、社長の奥さんが出てこられて、「山坂君、こんな朝早くにどうしたんね！」とビックリされました。「社長はいらっしゃいますか？」と尋ねると、もう市場に行かれたとのこと。私はクルマで市場に向かいました。そのとき冬だったので朝はまだ暗く、雪がチラチラと降っていました。

市場に到着して社長を探すと、食堂にいらっしゃいました。「社長、おはようございます！」とあいさつすると、「どうしたんや！」ととても驚いた顔で言われました。「社長、どうしても自分からクルマを買っていただきたくて来ました」と話すと、「じゃあ、どういう条件にしてくれるんや」と言われて再度条件を提示し、その場で「よし、わかった」と契約をしてくださいました。

お約束した10時に訪問しても、クルマは私から買っていただけたと思います。しかし、早朝に訪問したことで、自分が描いた良い条件で契約することができました。私は社長を背にしてその食堂のドアを開けて出ていくとき、自分の顔がニヤッとほころんだことをいまでも覚えています。

このとき初めてクルマを売る喜びから、クルマを売って儲ける喜びを経験しました。それまでは売ったクルマの台数ばかりを考えていましたが、それからは利益がきちんと残るような条件で売っていく絵（ストーリー）を描くようになりました。

絵（ストーリー）を描き、高いハードルに営業マンたちが挑んだ

バルコムはいま、うちで買っていただいたクルマについて、自動車保険の保有率40％以上をめざしています。既存のお客様の自動車保険の保有率は約20％。最初は営業マンにとって、なかなかハードルが高い目標のようでしたが、ここ4、5年で40％を超える営業マンが13人出てきました。

これは、自動車保険をバルコムで加入していただくまでの絵（ストーリー）をきちんと描いたからです。たとえば100人お客様がいたとすると、既存のお客様20人がバルコムから自動車保険に入ってくださっている。そうなると、残り80人に対して自動車保険の営業をすることができる。その中で、お願いしたら話を聞いていただけそうなお客様をその半分の40人以上ピックアップする。その人に毎日、土下座をするぐらいの気持ちで保険の加入を頼みに行ってみる。そうしたら2人のうち1人以上は、自動車保険をバルコムに替えてくださるでしょう。これで目標の40％が達成できる。

新規のお客様については、10人がクルマを買われたとしたら、自動車保険はそのうち4人にバルコムから入っていただけたらいい。そのために、そのお客様にどのようにしたらバルコムから保険に入っていただけるのか作戦を立てていく。

絵（ストーリー）を描くとはこういうことです。具体的に絵（ストーリー）を描く。具体的な指示を出された営業マンたちは、「これなら目標が達成できるかもしれない」と元気づく。行動に移しやすくなる。

「みんな、がんばって40％を達成しようぜ」と言われても、具体的に絵（ストーリー）を描かないと、結局どのように行動すればいいのかわかりません。むしろ、ハードルはますます高く感じられてしまう。

絵（ストーリー）を描くと、新規のお客様からの契約も大事ですが、既存のお客様が契約している自動車保険を、ライバル他社からひっくり返した方が早いことに気づけます。

これはひとつの事例。目標を絶対に達成しようと思ったら、必ず、達成するまでの絵（ストーリー）を描きましょう。意外に、多くの人はわざわざ絵（ストーリーリー）を描きません。本当に目標を達成しようと思ったら、その絵（ストーリー）を人に説明したとき「それなら達成しそうだね」とその人から言われるような絵（ストーリー）を思い描くことが大事なのです。このように他の人に説明したとき、それをその人から認められるような絵（ストーリー）なら、その目標は必ず達成できるでしょう。

キーワード● 10

転ばぬ先の杖、杖、杖、杖、杖（前向きな怖がり）

私は怖がりだから、早めに手を打つ

「転ばぬ先の杖」という言葉は、私の場合、「転ばぬ先の杖、杖、杖、杖、杖」――。

私はさまざまな事業を一気に展開するので、行け行けドンドンなタイプに見られがちです。怖いもの知らずの強い男だと思われているようです。

しかし、それは大きな間違いです。私は、本当はものすごい怖がりです。「転ばぬ先の杖」では物足りない。「杖、杖」でも怖い。「杖、杖、杖」でもダメ。「杖、杖、杖、杖」なのです。「これで大丈夫なのか？」と慎重になりながら一歩を踏み出す。石橋は、叩いて、叩いて、叩いてから渡る。

逃げの意味ではありません。慎重になって踏み出すことをやめるのではなく、

「絶対に渡るため」にいろんなリスク管理をする。あくまで挑戦するときのための言葉。「前向きな怖がり」と言っていいでしょう。ただし、挑戦して行動しても、「これはやっぱり違ったな」というとき、私はやめるのが速い。さっとやめる。その見極めができるのは、慎重に、事前に、リスク管理をしておいたからです。

営業マンも、私と同様、前向きな怖がりでなければなりません。

たとえば、1カ月のクルマの売上目標台数が5台だったとします。4台が売れ、残りは1台。目の前の商談がまとまっても、安心してはいけません。もし、登録の不備があったら、その月に登録できないかもしれない。車庫証明書が必ず取れるとも限らない。ひょっとして、「やはり購入を取りやめます」と電話が入り、キャンセルになるかもしれない。だから、できるだけ早く登録して納車し、入金していただく。クルマの納車が完了するまで、全く気を抜いてはいけないのです。

目標数字をいつも達成する人は、必ずと言っていいほど、目標数字の10%アップぐらいをめざしています。急なアクシデントがあっても、必ず目標を達成する準備をしておく。そこまで考えないと、目標数字を確実に達成できるトップセールスにはなれないのです。

クルマの営業をしていると、毎月の月初めは不安になる。「今月、目標を達成できるのか」と不安でたまらない。怖くてたまらない。だから達成するための努力をする。月末に目標達成が見えてやっと安心する。月初の不安感と月末の安堵感。営業の仕事はこの繰り返しです。不安でたまらない、怖がりだから手を打つ。いろいろな手を打つ。転ばぬ先の杖がたくさん必要なのです。

社長就任以来、赤字が一度もない理由

「転ばぬ先の杖、杖、杖、杖、杖」の考え方は、バルコムの経営で生かされています。２００８年9月のリーマン・ショックのとき、世界的な金融危機に陥りました。その年、バルコムは利益を出しましたが、私はすぐに手を打ちました。

もう一度、より筋肉体質の会社にするために、コストを抑えることにしたので

す。そこでまず、経費を1円から社長決裁にして、会社全体の経費を圧縮しました。次に決断したのが、役員報酬の4割カット。専務は5割カット、社長である私は6割カット。交際費や会議費は一切なし。役員の旅費交通費の日当もなし。こうして削ることができるところは全部削って、もしも日本経済が大混乱することがあっても、バルコムのダメージを最低限に抑えられるように、あらゆる手を打っておきました。

その後、ご存知の通り、やはり日本経済にも多大な影響があり、多くの企業が倒産したり、景気が大きく後退しました。あのとき、多くの日本国内の企業がそうであったように、景気が悪化してから手を打っていたら、バルコムはどうなっていたことでしょうか？　悪くなってから手を打つのでは遅いのです。私は前向きな怖がりで良かったと、つくづく思いました。

父が亡くなって、私が28歳でバルコムを受け継いで以来、バルコムは一度も赤字になったことはありません。その大きな理由の一つは、私が前向きな怖がりであるからです。

仕事のときだけではなく、普段から必ず約束を守る

あなたは、約束をどう考えていますか？　仕事における約束事を守るのはもちろん、プライベートでも守るようにした方がいい。約束とは、必ず守らなければならないもの、絶対的なものなのです。

約束事に対して、どんなときでも「転ばぬ先の杖、杖、杖、杖、杖」で行動してみてはどうでしょうか。

たとえば、友人との待ち合わせ。約束時間に遅れたということは、自分の読みと違っていたわけでしょう。原因はわざとではなく、電車が遅れたのかもしれない。しかし、自分の読みと違った状況になっても、約束時間に間に合うように準備をしておけばいいのです。電車が遅れても大丈夫なよう、一本前の電車に乗るという手もある。

約束事を守るための準備を徹底すること。十分ではなく、十二分にしておくこと。どうすれば確実に守ることができるかを徹底的に考える。「こうすればいいか

な。いやそれだけでは不安、これもしておこう」。そんなことを、普段から自分の中で考えてほしい。普段の約束事を大事にしている人こそ、仕事の約束事を守ることができる人になれます。

必ず目標を達成する。必ず約束を守る。たとえ最後に何かアクシデントが起きたとしても、大丈夫なように先手を打っておく。そんな人になるには、前向きな怖がりになることが大事です。

キーワード

11 年齢や経験は関係ない

若い人も、年齢が高い人もチャンスはある

年齢や経験は関係ない――。

これは私の経験から思う言葉です。私は若くても、広島マツダでトップセールスになることができました。「絶対にトップセールスになる」と決め、これまで本書で書いてきたキーワードを徹底し、がんばりました。長時間労働をしたわけではなく、特別な経験があるわけでもなく、「どうすればトップセールスになれるのか?」を考え、決してあきらめることなく、がんばっただけです。

だから、若い人に言いたいのは、やる気さえあれば、若くても、経験が少なくても大丈夫であるということ。バルコムの場合、学歴も男女も関係ありません。

逆に気をつけなければならないのは、年齢が上の人。経験が豊富な人。年齢を

重ねると考え方が柔軟でなくなり、若い頃のように素直になれなくなる。行動をためらいがちになる。意欲がなくなる人もいる。

年齢と経験は、一長一短です。年齢が高い人、経験がある人は、いろんなことがわかっているからこそ、できることがある。ただし、体力が若いときほどではなくなる。素直さや行動力が足りなくなることもある。

一方、年齢が若く、経験がない人は、よくわからないからこそ、新しい発想や行動がとれる可能性がある。体力もある。ただし、わからない分、ミスなど起こすかもしれない。

「年齢や経験は関係ない」。この激励の言葉は、若い人のためだけではなく、キャリアのある人たちにも向けている言葉です。年齢や経験の差があろうがなかろうが、誰にだってチャンスがあるということなのです。そして、還暦を越えた私自身に対する言葉でもあります。還暦を超えたみなさん、ともにこれからもがんばりましょう。

キーワード●

12 夢は見るものではなく実現するもの

あなたの夢が、必ず叶う方法

夢は見るものではなく実現するもの――。

もう、この言葉通りです。夢は、見るだけで終わらせないでほしい。夢とは、必ず実現するためにあるのです。

余談ですが、ただ夢と言っても、絶対に実現できない夢がある。「太陽に住んでみたい」とか、「よし、がんばって５００歳まで生きるぞ」といった絶対に叶わない夢は、ベッドの上で眠りながら想像すれば楽しいでしょう。それはそれで、想像力がついていいかもしれません。

ただ、実現できそうな夢は、必ず達成させてほしいのです。いや、絶対に夢は実現できます。そのために、ここまで書いてきたキーワードを自分のものにして、日々徹底してほしいのです。これらは誰だって、やろうと思えばできることばかり。しかし、なかなか徹底することができない。人間は弱く、自分に甘いのは当たり前のことですから。だから、最後に必要なキーワードは「夢（目標）」なのです。自分の夢を実現しようとする思いこそが、自分の弱さや甘さを克服するきっかけとなる。無理難題だと思っていたハードルだって、一気に飛び越える力となる。

私だって、ピアノを弾くことができました。「バルコム創立30周年記念パーティーで、ピアノ演奏を披露してみたい！」という夢物語を、実現することができたのです。野球ばかり、仕事ばかりで生きてきた、この私がです。ピアノ演奏をしたいという夢は、努力し続ければ叶う夢。実際に努力して３００人以上の前で演奏することができました。

仕事の夢だって、きっと叶います。たとえば、営業マンの「自分はクルマを１００台売って、年収を１０００万円以上にしたい」という夢。これは絶対に実現できる夢です。

たとえば、メカニックの人が「マイスターになりたい」という夢を持つ。これも絶対に実現できる夢です。ぜひ実現してほしい。

いろんな夢は、口にすれば実現するものです。夢は絵（ストーリー）に描いたら、絶対に実現します。あとは、これまでのキーワードをぜひ徹底してください。

夢は見ているだけでなく、夢に向かって挑戦し続けてください。その夢をぜひ実現させてください。夢は実現するためにあるのです。

第3章

強く偉大な会社をめざす!

バルコム 経営の原則

人とお金 そして考え方について

私は講演会の講師として呼ばれたとき、「山坂のキーワード」（第2章）をまずはお話ししますが、2回目に呼ばれたときは、経営者や幹部クラスの人たち向けの話をするようにしています。私がこれまでバルコムの経営に携わり、うまくいったことや失敗したことを踏まえながら、経営者として学んだこと。第3章はそれらをまとめたものです。

「人」について

愛を持って接する。人を大切にする。人にやさしい。人が好きである

私にとって、社員とは家族みたいなもの。だから、社員に「愛を持って接する」のは当たり前のことであり、経営者にとって最も大事な感性だと私は考えます。

いまやバルコムの従業員数は、アルバイトや契約社員を入れると９００人以上、私も毎日のように国内外を忙しく飛び回っています。それでも私は、社員一人一人に対して関心を持って、愛を持って接するように心がけています。

私がずっと続けているのは、社員の誕生日に直筆の手紙を書くこと。すべての社員に送るとなると、毎日1枚以上を書くペースになりますが、それでも社員全員に一つ一つ手書きでメッセージを送っています。

バルコムで働いてくれていることをあらためて感謝しながら、「お誕生日おめでとう」、私より年上の社員には「お誕生日おめでとうございます」と書きます。

私は、根が営業マンです。だから、文面はその社員一人一人に合わせた言葉を書き、内容はすべて違います。「お誕生日おめでとう。仕事をがんばってください」といった、誰に書いても通用するような当たり障りのない言葉は、絶対に書きません。そうしないと、もしも社員同士が見せ合ったとき、「なんだ、みんなと一緒じゃないか」となったら、社員たちもがっかりするでしょう。あくまで手紙を書くのは、社員たちに愛を持って接したいから。その社員ががんばっていることを称賛し、最後に私が期待していることを書いて締めくくる。できるだけ枠からはみ出すよう、たくさんのことを書くようにしています。

事前に上司から、その社員の最近の仕事ぶりについて情報を集め、入社してまだ間もない社員だったらパソコンを開いて履歴書を確認しながら書いています。この手紙を読むことで、社員たちがもっと元気になったり、さらに仕事に前向きに取り組めたりするようになれば本当にうれしい。私が本気で願うのは、社員一人一人が仕事を通して幸せな人生を送ること。そんな幸せな人生がはじまった日を祝う誕生日を、私が手紙を書くことで少しでも特別なものになれば良いと思っています。

社員へ誕生日の手紙を書いて贈るだけでなく、私は以前から、1年に1回は社員一人一人と直接コミュニケーションをとる場をつくっています。社員数が少なかった最初の頃は、社員の誕生日の当日に一人一人と昼食をとっていました。社員数が増えてからは、毎月、その月が誕生日の社員を集めて夕食会を開き、さらに社員数が増えると今度は拠点ごとに1年に1回ほど食事会を開くようにしました。いまは、岡山、広島、山口、福岡と県単位で開き、この食事会で私はビールを社員たちに注ぎながら、一人一人に声をかけてざっくばらんに会話をしています。

社員数が250人程度のときまでは社員全員と5分~30分程度の個人面談を行い、一人一人から会社に対する意見や要望を聞いていましたが、さすがに正社員数が約600人になったいまは難しいので、1年に1度の食事会で社員全員とコミュニケーションを取るようにしています。

社員とのコミュニケーションを有意義にしたいと思っているので、食事会の前に2時間ぐらいかけて、拠点長と各部門のマネージャーから社員一人一人の仕事やプライベートの状況を聞いて確認しておきます。一人一人のいいところ・問題点・今後望むことを把握し、「それぞれの社員にどんな言葉をかけようか」と考えながら食事会にのぞみます。

食事会では「僕の名前、わかりますか?」と質問してくる社員がいます。

そんなとき、「わかっとるよ、君の名前は○○○○くん」と名前をフルネームで答えると、非常に喜んでくれます。社員全員にバースデーカードを書いているのは、名前を覚えるためでもあります。こうした雰囲気の中、社員一人一人と会話をして、やる気を引き出したり、また、現場の本音の意見を直接聞いたりして、社員たちに愛を持って向き合うようにしています。

私は一人一人の社員のことを家族のように考えていますが、家族だからといって、何をしてもいい存在というわけではありません。あえて厳しい言い方をすれば、「ウソをつく人」「さぼる人」は、バルコムに向きません。バルコムはそれを許さない会社です。なぜなら仕事ですから。お客様や会社のみんなに対して、ウソや怠慢が原因で迷惑をかけるのは、決して許されない行為です。逆に、たとえ不器用ですぐに結果が出ない社員であっても、正直にがんばっている社員なら会社全体でとことん応援して面倒をみます。

愛を持って接することができる人は、人を大切にすることができるでしょう。人が好きで、人にやさしくすることができるでしょう。マネージメントをする人は、こういった人が適任です。

一方、愛を持って接することができない、人を大切にしない、人にやさしくしない、人が好きではない。そういう人は私の経験上、マネージャーになったら絶対に成功しません。

一般常識・教養はあり、礼儀作法もある。自分のことは何事もきちんとする。しかし、そういうきちんとした人でも、愛を持って接することができなければ、マネージャーになってもチーム全体をうまく機能させられないケースが多いのです。

なぜなのか？　理由を探ると、人のことがあまり好きではないから、部下に対してどうしても親切さに欠ける。やさしさもない。部下に対して、命令するだけになってしまっています。

もし、拠点長が「マネージャーに昇格させたい社員がいる」と言ってきたら、「わかった。ただし必ず事前に、その社員に『部下には愛を持って接することが大切だ』ということをよく理解してもらって昇格させてほしい」と答えています。

「人にやさしい人間になろうよ」。そう私は幹部クラスの社員たちによく言っています。大事なのは、いつだって愛。しかも、その気持ちをきちんと言葉にしてほしいのです。

余談ですが私の還暦祝いのとき、専務の提案で、特別に「愛じゃけえ」という言葉入りのグリコ・ビスコを作って社員たちに配りました。私はこう見えても会議のとき、最もよく口にしているのは「部下に対しては、いつも愛じゃけえのう」という言葉です。それをよく見ている専務は、冗談半分、まじめ半分の気持ちで「愛じゃけえビスコ」を提案してくれました。

話を戻しましょう。それでは、愛ややさしさがない人を、やさしい人にする方法はあるのでしょうか？

私は難しいと思います。ある程度なら、やさしい人間に変わることができる人もいます。しかし、ほとんどの人が変わらない。愛ややさしさがない人に、まわりの人たちがいくら「もっとやさしくしようよ」とアドバイスしてもなかなか変わらないものです。

だから、自分で自分のことに気づくしかない。「自分は人に対して、愛ややさしさが欠けているかもしれない」。そう自分で考え、自分で努力して自分を変えていくしかないのです。

社員をマネージャーに昇格させるときは、人に対する愛ややさしさがある人かどうかをチェックしておいた方がいいでしょう。適さない人がマネージャーになると、職場の雰囲気が悪くなったり、ひどい場合はその部下たちがみんなで会社を辞めたりすることもありますから。もし、自分がマネージャーになりたいのなら、「愛を持って接する。人を大切にする。人にやさしい。人が好きである」。このことを忘れないでください。

部下が成長するための手助けをする

私がバルコムの社長として、何よりも大事だと考えているのが「人」。社員に対する愛があれば、社員を大切にすることができ、やさしく関わることができる。そのためには、人を好きでなければならないと書いてきました。

リーダーとは、幹部とは、部下を指導する存在です。部下に対して、「オレの言うことは何でも聞け。どんな指示でも言いなりになって従うべきだ」という絶対的な存在ではないのです。勘違いをしてはいけません。

では、部下を指導するときの大事な心がけは何でしょうか？　それは「部下が成長するために、自分がどういう手助けができるか」を考えることです。

「営業の訪問先をアドバイスする」「訪問方法を変える」「営業同行する」「どうすればお客様に喜んでもらえるのかを一緒に考える」などさまざまな方法で、部下が成長するための手助けができるはずです。

部下が嫌そうな顔をしているのに「オレの言うことは絶対だ」と叫んでも、いい結果にはならないでしょう。「なぜ、やらないのだ」と怒り飛ばしても仕方ない。

だから意識してもらいたいのは、部下を成長させるために、自分はどうすればその手助けができるのか。そして成長の先にある部下の幸せを、まずは本気で願っているのだろうか。そこをすべての前提にしておかなければならないと思うのです。

それらがわかっている上司だと、「この部下は、ここで怒るよりも、言って聞かせた方がいい」というように、そのときの状況に合わせた判断が働く。あるときは部下たちをしっかりと褒めることも大切です。ときには、その人の性格に合わせて、おだてることもあるでしょう。「ここは褒めるよりも、きちんと怒った方がいい」という考えにいたることもあります。部下に対する思いがしっかりあれば、まさに「以心伝心」。部下たちは嫌がらずに、しっかりとついてきてくれます。

そもそも部下を怒るばかりでは何も解決しません。「なんでやらないのか！」と激怒して果たして解決するのでしょうか。

自分がその部下の立場だったら、「何やってんだ！」とワーワー言われるのは嫌でしょう。それよりも、一緒に仕事の月間計画を立てたり、その計画を日々に落とし込んで毎日確認してもらったり、上司としてはかなり手間のかかる取り組みであるけれど部下の足りていないところを指導する。そうすると「以心伝心」でようやく部下から信頼が得られていく。こうした上司と部下との信頼の積み重ねが大事なのです。

おそらく、ずっと昔から働いているバルコムの社員は私のことを「とても怖い」

と思っている。昔はよく怒っていましたから。でも、いまこうやって私についてきてくれるのは、「私がバルコムの一人一人を本気で成長させ、本気で幸せにさせたい」と熱く覚悟を持っていることを知ってくれているからでしょう。あと私は怒った後、必ずフォローします。私は目の前の人の顔色をすごく見ています。「言いすぎたかどうか」「私が話したことを理解しているのか、理解していないのか」。私の言葉に頭にきているようだったら、「いまはもういいから、また後でちょっと来い」と言って、頭を冷やさせてから再び二人で話す時間をとる。

私の目的は、部下を怒らせることではありません。もちろん、私が怒りたいからでもありません。あくまで、目的は部下を成長させること。もっともっとスキルアップをしてもらうことなのです。

ダメなマネージャーは、そこがわかっていない。命令したり、怒ったりすることが仕事だと思っている。自分のことは棚に上げて、勘違いした行動に出てしまう。「その人を成長させるために、マネージャーとして何が手助けできるのか？」という考えにいたらない。

経営者や幹部クラスの人たち、マネージメントする人たちの一番の役割とは、社員の成長を本気で考え、その人のために本気で行動し、本気で社員の成長の手助けをすることなのです。

下の人間が上に気を遣うのは当たり前。それ以上に上が下に気を遣え

多くの上司は威張ってもいいと勘違いしている。「部下は、上司に対して気を遣うもの」と思い込んでいる。しかし、そうではありません。私がここでいう「気を遣う」とは、誰が偉いとかそういうことではなく、「気持ちを察する」というような意味合いです。

いつも私が言っているのは、「下の人間（部下）が上（上司）に気を遣うのは当たり前。それ以上に上（上司）が下（部下）に気を遣う」という言葉です。なぜかというと、上司の方が部下よりも給料がいいからです。だから、上司が部下に気を遣うのは当たり前のことでしょう。

上司が命令したり、怒ったり、威圧するだけでは、部下は仕事を通して成長できるはずもない。繰り返しになりますが、部下がどうすれば成長するのか？　上司として考えていることが、どうすれば部下に伝わるのか？　そのためには、「下の者（部下）が気を遣う以上に、上の者（上司）が下の者（部下）に気を遣う」しかないと思うのです。

部下たちがやらなければならないことを手助けするためには、まず相手の立場になって考えることが大事です。そうしていつも相手の顔色を見る。私の場合、会議のときはいつも社員たちの顔色を一人一人見ています。

「私の話していることの意味を正しく理解できているだろうか」。

「いま、仕事で何か悩んでいないだろうか」。

こうして一人一人の顔色を見ながら、「いまはどんな言葉を使うべきなのか」

していきます。

「どこまでかみ砕いて話すべきなのか」。そういったことを考えながら話すようにしています。

そういう会社にしないと、社員たちの視線の先がお客様ではなく、上司ばかりに向かってしまうケースが増えてきます。

たとえば、実際にこんなエピソードがありました。

バルコムは、ある自動車保険の販売代理店をしており、その保険会社の売り上げに大きく貢献していました。

そんなある日、その保険会社の広島支店に打ち合わせの約束を入れていましたが、訪問前に担当者から連絡が入って、「今日はちょっと待ってください」と慌てた様子。

「今日は、うちの社長が本社からやって来るんです」という。その対応でドタバタし、結局、私との約束をキャンセルしたのです・・・。

そのときに私が思ったのは、「こういう会社にしてはいけない」ということ。間違っていると思うのです。社長が行くことによって、現場の社員たちは仕事ができない。結果、販売代理店でかなりの実績を上げているビジネスパートナーであり、お客さんであるバルコムをないがしろにしている。これはお客様目線ではありません。本社から社長が来るのはいい。でも、現場の社員には普通に仕事をさせたらいいと思うのです。

これは珍しい話ではありません。私たちも気をつけなければならないケースです。特に会社が大きくなればなるほど、あり得る話でしょう。お客様よりも、経営者の方が遠くて尊い存在になってしまう。

こんなエピソードもあります。バルコムが、あるイベントのスポンサーとして参加したときのこと。イベント会場に、イベント主催社側の会長が来場すると、その会社の社員たちは私たちを放って、会長を取り囲んで誰にも近寄らせない。何だか私たちスポンサー側が恐縮しなければいけないようなムードになっている。

確かに、総理大臣やどこかの国王が来場したのならわかります。しかしこの場合、私たちがお客さんなのです。私は客商売をしているので、絶対に「こっちは客だぞ」と威張ることはしませんが、そんな私でさえ、内心はそう思ってしまうものです。

私がその会社の幹部だったら、会長のところに行き、「あちらがいつもお世話になっているお客様です。ごあいさつしてもらえますか？」と言います。いつもお客様目線で考えている人なら、そのぐらいは思いつくでしょう。


このように社員たちが、お客様のことよりも、自分たちの上司や社長に気を遣うような社風にしてはいけません。だから私は現場に行ったとき、必ず社員たちに「私には気を遣わなくていい」と言っています。お客様相手に仕事をしているわけだから、私にコーヒーもお茶も不要。私よりも、お客様を大事にしてほしい。

私はそういう意味では、ものすごく気を遣う人間です。商談先へ社員にクルマで送ってもらうとき、「いま、本当に大丈夫⁉　無理は絶対にしないでくれ」と確認します。みんなが忙しければ、私はタクシーで移動すればいいだけです。昔、バルコムでも、ある営業のマネージャーが夜中なのに部下に電話して、「いまからクルマで迎えに来い」と言ったそうです。これはダメな上司の見本です。こういう上司は部下に不満を持たれるだけ。結局、そんな上司には部下は誰も心の底からついていかないと思いますし、実際にそうでした。

「下の人間が上に気を遣うのは当たり前。それ以上に上が下に気を遣う」。これが実践できている会社は、いい会社です。上司は部下のことを考え、より良い仕事をするための手助けを実践していることでしょう。だからと言って、「部下を甘やかす」ということではありません。このことは絶対に勘違いしないでください。

何度でも同じことでも繰り返し指導し、任命したら必ず育てる（マネージャーの育て方）

入社してもなかなか芽が出ず、仕事ができない人。バルコムでは、そういう社員に対して方針があります。それは「やる気があってまじめに仕事に取り組む人は、絶対に育てる」ことです。

何らかのご縁で採用をさせていただいたわけです。人を採用した以上は、その社員に対して責任がある。私はそう考えます。たとえ仕事ができなくても、本人にやる気があり、一生懸命に仕事をするのであれば、私たちはその人を必ず成長させなければならない。そもそもやる気さえあれば、人はいつか必ず成長するものです。

そうした考えになったきっかけがあります。

あるバルコムの二輪販売の拠点で、ある社員を所長に昇進させました。しかし、なかなかうまくいかず苦戦気味。1年ぐらいがたち、二輪販売部門の責任者と私は、その所長に、他の拠点に転勤してもらうことを検討しはじめていました。

そんな中、同じように新しく所長に昇進させて苦戦していた、ある四輪販売の拠点の業績が上がってきました。なぜ、こちらは改善されはじめたのか？　それは所長の上司である四輪販売部門の責任者が、毎日毎日、所長に直接会うか電話で30分以上はミーティングをしていたそうなのです。そうしていると、成果が出はじめたということなのです。

この話を聞いた二輪販売部門の責任者は、行動を変えました。毎日、広島本社からわざわざ高速道路を使って、1時間かけてその二輪販売の拠点に行き、所長とミーティングを続けました。「いま何をやるべきなのか」「どうすればいいのか」を確認し合う日々・・・。これを1年ぐらい続けた結果、ずいぶんとこの所長は成長しました。

このとき、私は気づくことができました。自分たちが「この社員を所長にする」と指名したわけですから、「その人事に対してきちんと責任を持たなければならない」ということを。所長にふさわしい人になるよう、きちんとあらゆる手を使って育てていく。勝手に指名しておいて、「どうもダメだから変えよう」というのは無責任な話です。

やる気がなかったり、ウソをついたりするような人以外は、簡単にはあきらめず、きちんと育てる。幸いバルコムにはいろんな事業があるので、採用した人の適性を見ながら人員配置をしていくようになりました。バルコムには、四輪・二輪の新車・中古車、修理、飲食、不動産、旅行などいろいろな事業がある。その中で、それぞれの社員が最もイキイキできる仕事を見つけていく。本気で仕事をする人、努力をする人は、仕事の配置次第で必ず成長しますから。

方向が同じであれば枝葉は違ってもよい。考える力を身につける

私が嫌いなのは、社員を洗脳しようとする経営者。新興宗教の教祖のようなカリスマ性で、社員の心に入り込み、思いのままに働かせて酷使する。

そうするために、たとえば朝礼のとき、社員たちに大声で「夢を叶えるぞー！」と絶叫させたり、「やるぞー！　売るぞー！」と全員で叫んでみたり、そういう熱狂的なムードを利用して、社員を上手に洗脳する。そういった営業会社や居酒屋チェーン店は確かにあり、急速に伸びた会社に多い。

高校野球部に在籍していた私は、そういう熱さは嫌いではありません。本当は人を洗脳しようと思えば、私はそれが得意な方かもしれません（笑）。しかし、洗脳は絶対に嫌です。そのような会社を見ていると、社員が金太郎飴のように見え

てきます。社員たちの意思を無視している。いや、自分の意思を持てないように飼育している。少し言いすぎかもしれませんが・・・。

人間というのは、それぞれの個性がある。それぞれ生き方や幸せだと感じることが違う。私は人それぞれでいいと思うのです。だから、人の意思を大事にしたいし、社員たちには自分の意思を持って生きる人になってほしいと願っています。最終的には自分で考え、自分で行動できる人に成長してもらいたいのです。

ただ、社員たちが考えたことが、社長である私とピッタリ同じになることとなんてありません。だから、会社との方向性が一緒で幹が同じだったら、枝葉は違ってもいいし、ちょっと遠回りしてもいいと考えています。

たとえば幹部会議の後日、「自分たちは、このようにやろうと思います」とマネージャーたちから計画案の説明を受けているとき、私は正直なところ「私だったらそうではなく、こうするのに・・・」と思うことがあります。しかし、せっかく若いマネージャーたちが自分たちで考えてきた計画案です。たとえ私と考えが違っていても、方向性さえ間違っていなければ、思い切って任せます。

私と考えが違うのに、マネージャーたちに任せる理由？　それはそのときに「これはダメ。こうした方がいい」と指示を出し、すべてのことを私の思い通りに進めていたら、人が育たないからです。もう自分たちで何も考えなくなります。「どうせ自分たちで考えても時間の無駄。意味がない」となってしまう。自分で考える前に、何事でも最初から「社長、これはどうしましょうか？」と私に質問してくるようになるでしょう。

だから私は、部下たちが「社長、どうしましょうか？」と聞いてきたら、必ず、「君はどう思う？」と切り返します。私の考えを先に言わないようにしています。そうやって部下たちが考えて言ったことに対しては、「じゃあ、それをすればいいぞ！」と激励する。たとえ、その方法が遠回りであろうとも、方向が同じであればいいのです。これで、みんなは自分たちで考えることが当たり前になってきます。一人一人の考える力は伸びていきます。

一人の人間がすべてに目を光らせ、すべてを仕切っていたら、いずれ早いうちに事業展開は限界に達します。やれる範囲が狭まってしまい、会社を大きくすることはできません。だから枝葉が違っても、方向が同じであれば任せることで、部下たちは考える力を身につけることができるのです。

ただし、あまりに大きく方向性がズレていたり、時間がかかりすぎたりするような場合は、「私の経験上、こうやったら簡単だった」とアドバイスするようにしています。

自分でできることでも任せる勇気。我慢が仕事

私は声も大きく、どちらかというと目立つ方なので、バルコム以外の人からは「ワンマン経営者」に見られがちです。「バルコムは山坂がやることを全部決めて、

社員たちにやらせている会社」。そう思っている人もいるかもしれません。

しかし、部下に任せるやり方は私が社長になる前、「一流企業をめざそう」と考え、30歳過ぎぐらいの早いうちから取り入れてきました。経営者には経営者の役割がある。作業に追われたり、いちいち社内のすべてのことに自分が口出ししていたら、経営者がやるべきことに時間が使えません。戦略を立てる。幹部を育てる。そういった経営者としての責務を果たしていく。こうしてきたからこそ、バルコムには次々と新しい店舗が生まれ、新しい事業やサービスが誕生し、多くの人が育ってきたのです。

いまやバルコムグループの売り上げは３５０億円を超え、事業の多角化が進み、海外にも進出しています。これは私一人の力ではさすがに無理です。

社員たちに任せる――。任せるから、自分たちで考え、自分たちで行動する。バルコムの社員たちはこうして大きく成長しているのです。と同時に、私も社員たちに任せることで、経営者として成長することができています。

私は営業もできるし、営業マネージャーも拠点長もできます。商業高校を出ており、全商簿記1級を取得しているから経理だってできる。その他の仕事も私がやろうと思えばできることが多い。しかし、私は社長になる前から、自分でできることも部下たちに任せてきました。

そうして何度となく、心の中で叫んだのが「自分でやった方が断然早い！」ということ。私は営業マンをずっとやってきましたから、若い営業マンを見ていると「自分が売った方が確実に売れる」と思うことがあります。


以前、業績の良くない拠点があり、幹部会で「ここの拠点長を誰にしようか？」となったことがありました。そのとき私は、「いい人物がいる」「それは誰ですか？」「それは私。私がやる！」と言ったら、「冗談はよしてください（笑）」と幹部たちに止められました。

そのように売り上げが落ち込んでいる拠点があったとき、「私が行ったら絶対に復活させられる！」と思いますが、大事なのはそんな目先の売り上げではありません。まずは、拠点長に任せてみる。ただし、ほったらかしはせずに拠点長とともに立て直しの戦略を考える。そして、その経験を通して拠点長がさらに成長する。その方が大事なのです。

いま、経営のほとんどの実務を専務、常務ら取締役、ゼネラルマネージャー、子会社の社長に任せるようになりました。


つまり、リーダーにとって大事なのは、自分でできることを部下に任せる、その勇気です。「経営者になって、最も成長したことは何ですか？」と私は聞かれたとき、いつもこう即答しています。

「我慢ができるようになったこと」。そう胸をはって答えています。自分ができること・できそうなことを我慢して、社員たちに任せる。現場のことがわかっている経営者からしてみると、これは本当に落ち着きません。いや、苦しさそのものです。しかし、いまは余裕を持って社員たちに任せることができるようになりました。

私は勇気を持ち、我慢を覚えたことで、社員たちを大きく成長させることができました。こうしてバルコムは、私が入ったときと比べると、その当時にはとうてい想像すらできなかったような規模の会社に発展することができました。

任せすぎない

ここまで書いてきた、社員たちに仕事を任せる重要性と一見矛盾しますが、「任せすぎない」ことも大事です。「任せる」という名のもと、経営者が手を抜いて社員たちを放任してはいけません。

なぜなら、私は「任せすぎる」ことで、痛い目にあった経験があるからです。

昔、子会社を作り、ある人物に経営を任せていました。順調に業績を伸ばしていましたが、いつの間にか彼はある宗教にハマっていました。それが原因で、気づくとその子会社の赤字は3億円。それから不採算部門を整理して新しい体制に立て直すのに2億円かかり、膨らんだ合計5億円の赤字を解消するのに2〜3年かかったことがあります。

ほか、バルコムの将来を背負ってくれると見込んでいた役員が、実は部下たちにパワハラらしきことをしていたこともありました。社員が誰もついていかない状況になっていました。

「情けない・・・」。あれほど、「部下に愛を持って接するように」「下（部下）が上（上司）に気を遣う以上に、上（上司）が下（部下）に対して気を遣うように」と言っていたのに。これらが発覚したとき、そんな気持ちになりました。

そんな気持ちになったのは、私が信じ切り、任せすぎたからでしょう。それまで私は、早いうちから「社員たちに任せる経営」を実践してきました。だから、「任せすぎてはいけない」という言葉は、全く頭にありませんでした。こうした失敗により、「任せることは大事だが、任せすぎてはいけない」ということも学ぶことができました。

「では、『任せる』と『任せすぎない』の境界線はどこにあるのでしょうか？」。そう質問されることがあります。

これは非常に難しい。

やはり、ここでも大事になってくるのは、コミュニケーションでしょう。バルコムでは週1回、ゼネラルマネージャー会議があります。私も参加して、各部門が報告する実績数字を見ています。ただし、数字の報告を受けるだけでは、コミュニケーションにはなりません。みんながどのように考え、どうやって目標を達成しようとしているのかを、しっかりと聞くようにしています。

「任せる」「任せすぎない」の判断をするためのコミュニケーションを、マネージャークラスだけではなく、いろいろな人たちととることをおすすめします。たとえ売上数字が上がっていたとしても、マネージャークラスがパワハラをして達成している数字かもしれません。その部下たちや取引先など、いろいろな人たちとコミュニケーションをとって本当の状況を把握し、「任せる」「任せすぎない」の判断をしてください。それにしても、その判断は私にとっても難しい課題です。

友達と一緒に仕事はしない

第2章の山坂のキーワード6「人間の器」に登場した、器が大きくならなかった社員ですが、実は私の昔からの友達でした。まだ会社が小さく、社員が少ない頃は現場でガンガン仕事をして大活躍していたけれど、マネージャークラスになってからは自分の役割を果たせず、現場がうまくまわらない。私のアドバイスに耳さえ傾けず、行動を変えることもない。結局、その社員は退職することになりました。

友達を入社させて一緒に働くのは、会社が仲良しグループの頃ならまだいい。会社が小さいうちから、いい人材が入ってくれるわけでもなく、一から人を探すよりは気心が知れる友達の方が頼りになるかもしれません。

しかし、忘れてならないのは、友達が成長しない可能性。現場の仕事はできても、マネージメント力が身につかなかったら、いずれどこかで昇進させられなくなります。友達を雇うときは、普通の社員を雇うとき以上に覚悟が必要です。「もし、友達が将来伸びなかったら、ずっと平社員のままで雇い続けなければならない。そうなったら、もう友達関係ではなくなる」。

その覚悟を持たなければ、絶対に友達は雇わない方がいいでしょう。友達だからといって役職を上げていたら、今度は仕事ができる他の社員がおもしろくない。

こうなると、組織はもはや成立しません。

私の場合、その友達は現場で本当によく働いてくれました。一緒に営業したり、帳簿をつけたり、最初は心強かった。しかし、会社が大きくなっていき、現場を離れてから変わりました。いや、変わらなかったのです。そのため、成長が止まってしまい、求められるマネージメント力が身につかない。

お互い友達だから、言いにくいことや聞きにくいこともある。友達だから、という甘えもあったのかもしれません。私の話を素直に聞こうとしませんでした。残念ですが会社を辞め、友達関係もなくなりました。

これは私にとって、あまり語りたくないエピソードですが、会社を経営するためには、こういう現実から逃げないこと。多くの社員たち、お客様の幸せを背負う経営者は、いつも厳しい覚悟を持たなければなりません。

役員や中心的社員の退職の準備は、いつもしておく

前ページの「友達と一緒に仕事はしない」で、経営者としての厳しい覚悟について書きましたが、ここでも厳しい覚悟について書きます。現実に、いつでもどの会社でも、起こりうる話です。

それは、「役員や中心的社員の退職の準備はいつもしておく」ということです。

こう書くと、「山坂は冷たい人間だ」と思われるかもしれません。しかし、会社経営の責任を負う社長なら当たり前のことです。現場で大活躍している社員、期待していた幹部社員、次期社長候補の役員など、力のある人が辞めても大丈夫なように準備をしておく。それがたとえ信頼できる人であろうとも。一人の人間に、頼りすぎてはいけないのです。

社長との信頼関係がなくなり、急に辞めるかもしれない。縁起でもないですが極論を言えば、突然、事故で亡くなるかもしれない。私の命だってそうです。任

せていた一人の人間がいなくなっただけで、会社の経営状態が一気に悪くなったり、存続が危ぶまれたりすることになれば大変なことになります。そんな一か八かの経営をしていいのでしょうか。

私にこんな経験があります。２００８年にリーマン・ショックが起きたときのこと。役員報酬を大幅にカットしました。社員みんなで一丸になって、何とかこの難局を乗り切る――。

そんなムードの中、ある幹部社員はこう言ってきました。

「私の報酬が何割も削減なんて、私への評価はそんなものですか。会社を辞めます」。私は「会社を辞めない方がいい」と退職を引き留めましたが、彼はキッパリと会社を去りました。

ディーラーやクルマ業界、私の親しい経営者から、「バルコムは大丈夫なのか？」と心配の声があがりましたが、私はそのとき、実は動揺も困惑も全くしていませんでした。それは、幹部社員から「自分は会社を辞める」と言われても、いつでも「ご苦労様でした」とねぎらいの言葉をかけて退職を受け入れる準備をしていたからです。

そんな私の話を聞くと、私のことを冷たい人間だと思うかもしれませんが、幹部社員一人がいなくなっただけで、数多くの従業員が働くバルコムという会社の経営状態を悪化させるわけにはいきません。

もし、任せている社員がいなくなったとき、一体どうするのか？　誰がその役割を務めるのか？　その適任者はいるのか？　もしそんなことが起きたら、その代わりなら私が務めればいい・・・。私は以前からそう決めていました。

そういう「転ばぬ先の杖、杖、杖、杖、杖」の気持ちを常に持っているから、「あの幹部社員がいなくなるかもしれないと思ったこともあるし、それが実際に起きただけ」と冷静に受け止めることができました。ここで社長である私が「一体、どうすればいいのか？」と慌てふためいていたら、社員たちは大きく動揺していたことでしょう。

私が社員たちを前に「退職してしまう幹部社員は、これまでがんばってくれた功労者」としっかりと落ち着いた心境で言いながら、余裕を持って対応することができたのは、次にどうするべきか、もう心の準備をしておいたからです。

任せていた社員がいなくなったときの代わりは、他の社員に任せることを想定しておく。現・専務がその一人でした。彼は厳しさがあるが、心がある。新たに営業部門を任せたとき、現場をしっかりと統括していき、おかげで会社の業績や雰囲気を悪化させることなく、むしろ逆に業績を伸ばしてくれました。彼自身も大きく成長しました。

こんなに会社を成長させている現・専務が私によく言ってくれるのは、「自分（専務）の次の人を育てておきたい」ということ。専務は「私は日本一のナンバー2に徹します」と言って、私と会社全体を支えてくれているすばらしい男です。こんなリーダーを育てることが、経営者の務めだとつくづく感じます。まあ、私が育てたというよりも、彼自身の資質によるものですが。

「役員や中心的社員の退職の準備はいつもしておく」ということは、「この仕事は、あの人でなければならない」の真逆の意味。その人にしかできないという存在を作ることは、会社経営において大きなリスクとなります。これは役員・幹部クラスに限らず、一般社員でも言えることでしょう。

いま活躍している人、貢献している人が会社からいなくなるかもしれない。そうしたことを想像するのは実にさみしいことであり、冷たいかもしれません。しかし、経営者は必ずそのときをイメージし、対策をとっておくべきです。これは会社に関わるすべての人たちを守る義務を持つ経営者にとって、必要な考えなのです。

企業は新陳代謝

人間は細胞でできています。その細胞が生まれ変わることで、成長していきます。それは会社も同じこと。では会社にとって、細胞とは何でしょうか？　それは人です。一人一人の社員です。だから会社が成長するには、一人一人の社員が生まれ変わらなければなりません。一番いいのは、いま働いている社員一人一人が自分自身で生まれ変わっていき、成長してくれること。成長しようと、努力し続けることが大事です。

しかし、成長する気持ちがないために、全く成長しない人がいたとする。そのとき、一体どうすればいいのでしょうか？　そのときは、その人ごと新しい人（新しい細胞）に変わってもらうしかありません。それは冷たい考えだと思われるかもしれませんが、自分自身で成長しようとしない人は会社にとっていいことは何もありませんから。

会社の規模が大きくなっていくと、幹部社員の場合、マネージメント力のレベルが上がり続けなければ、そして人としても大きく成長し続けなければ、人は誰もついてきません。会社が大きくなるにつれ、入社してくる社員のレベルも上がってきます。

バルコムには女性の常務がいます。彼女は早い時期から入社して長く働いてくれていますが、会社の成長に合わせて、とても努力したのでしょう。自分自身でその都度成長し、新陳代謝をし続けたのです。会社の成長に合わせ、本人も成長してくれました。

人も会社も努力し続け、変わり続けることで成長する。変わり続けなければ、成長し続けなければ、少なくとも会社は存続できません。

成長することを拒む社員がいた場合、無理に辞めさせる必要はないでしょう。成長している会社なら、成長を拒み続ける人は自然と淘汰されて入れ替わっていきますから。まわりの社員たちが懸命に努力し続け、どんどん成長していく中、自分だけが成長していない状況に耐えられないものです。会社も人も、そして経営者自身も、変わり続けることに挑んでください。

リーダーが旗を振れば、組織や人は変わる

会社はリーダー次第です。経営者がきちんと考え方・方向を示し、社員みんなにわかるように伝えていけば、会社全体は変わります。「進むべき方向はこっちだ！」と、経営者自らが旗を掲げ、大きく振っていく。これが経営者の一番の役割です。そう私が確信するのは、こんな経験があったからです。

バルコムの社員数が80人ぐらいまでは、「儲からなかったら、自分がクルマをたくさん売ってくれれば、社員みんなを食べさせられる」「自分ががんばれば、赤字にはならない」と頭の片隅で思っていました。が、１００人を超えた人数になるとさすがに無理。自分一人の力の限界に気づきました。

「なかなか大変になってきた。私は一体どうすればいいのか・・・」。私はもう、「ダメかもしれない」と内心は思いつつ、こんな行動をとりました。それは、社員

みんなにハッキリと目標を示し、それを大きな声で熱く語ったのです。リーダーとして旗を掲げ、方向性を示し、その旗を大きく振りました。

するとこの行動は当たり、旗を振っただけでみんなが一つの方向に向かって動きはじめました。

事態は好転しました。社員たちは進むべき方向に向かって一生懸命働くようになり、私がこのときにとった行動は、旗を掲げて大きく振っただけ。たったそれだけで、勝手に組織が大きく変わっていったのです。リーダーがハッキリと方向性を示し、その方向に導けば、社員は大きく成長します。その後のバルコム飛躍の大きなきっかけになりました。

心の豊かな社員を増やす

「バルコムを心の豊かな社員の集団にしよう」。

これはもうずっと以前から、私が口にしている言葉です。もし、ＢＭＷのショールームの目の前を歩いているおばあさんが転んで倒れたとき、「おばあさん、大丈夫ですか」とすぐに外に飛び出して駆け寄ることができない人が、ショールームに入ってこられたお客様に対して、心から満足していただける対応ができるでしょうか。そういう人はきっと、「お客様、私に何かお役に立てることがありますか？」と心の底から言えません。

人のために、町のために、地球のために、環境のために、子孫のために——。そういったことを考えられる人こそが、「お客様のために」と本気で思うことができるのではないでしょうか。マネージャーでいうと、「部下のために」と心の底から思うことができます。「仕事のときだけ、心の豊かな人になる」というのは難しいでしょう。いい仕事は、心の豊かな社員でしかできないと思うのです。

それを最も感じたのは38歳のとき。社会貢献活動をする団体ＪＣ（青年会議所）の活動で「身近な町づくり委員会」の副委員長になり、理事長から「広島の市民が元気になるような委員会活動をしてほしい」と依頼されました。そこで、空き缶を集め、それを換金して苗木を購入し、植樹する活動を行うことになりました。空き缶を集めるために取り組んだ活動のひとつがゴミ拾い。当日は７５０人ぐらいが集まり、広島市内４ヵ所のコースを決めてゴミ拾いをし、空き缶を換金して購入した苗木は、広島市立大学の近くに植樹しました。

その後、『モノの豊かさから心の豊かさへ』というシンポジウムを開催しました。来場者数は７５０人ぐらい。総合司会はタレントの西田篤史さんで、オープニングはヴィオラ奏者の沖田孝司さんに演奏していただきました。パネリストは、空き缶を集めて換金したお金でネパールの学校設立に協力した東京の希望丘中学校の校長先生、ドングリを持ってきたら苗木と交換する香川県の「どんぐり銀行」活動を主催した県の林務課長、いつも箸を持参して割り箸を使わず、木を大切にする啓蒙活動を行っている神父さん、元・広島平和記念資料館の館長さんや広島市国際交流課の課長さんなどの方々。「心の豊かさとは何だろう」をテーマに語っていただきました。最後に特別ゲストの歌手・南こうせつさんが歌って、盛大に幕を閉じました。

シンポジウム終了後、委員会で反省会をしたとき、「広島市民を元気にしようと始めた活動だったけれど、どう考えても取り組んだ自分たちが一番勉強になって、心が豊かになったよなあ」と感慨深く、みんなでしみじみと語り合ったことを覚えています。事業を終えた後、とにかくとてもいい気持ちになりました。

私はこの経験から、「この気持ちをバルコムの社員みんなにも味わってもらいたい」と思うようになりました。「心の豊かな社員を増やす」という私の考えの原点は、この経験にあるのです。

そこで、バルコム社内で立ち上げたのが「社会貢献委員会」。バルコムの各拠点で委員長・副委員長と幹事を決め、単年度ごとに社会貢献活動の内容を話し合い、社員みんなを巻き込んだ活動をスタートさせました。

毎年行っているのがシンポジウムをご縁にヴィオラ奏者の沖田孝司さんと一緒に開催するチャリティーコンサート「バルコム　マイ・ハート・コンサート」。1998年（平成10年）からずっと続けており、収益金で社会貢献活動をしています。タイの学校設立のために現金を寄付したり、中国の重慶の病院には医療器材、日本赤十字社にはＢＭＷの血液輸送車を贈るなど、これまで各方面に寄付を行ってきました。

最近は毎年、小児ガン経験者の子どもたちとその家族の方々をマツダスタジアムのパーティールームに50人ほど招待し、カープを応援しています。シーズンオフには、カープ球団の協力のもと、カープ選手と小児病棟まわりをするようになりました。毎年、カープ球団には大変お世話になっております。子どもたちはとても喜んでくれますし、その喜ぶ顔を見るとカープ選手や私たちも本当にうれしくなります。

薬を飲まなかった子どもが、「僕はカープの選手が来るまでに元気になって、この管を身体から早く外せるようにしたい」と言って薬を飲むようになった話を看護師さんから聞かされたときには、涙が出そうになりました。

ほか、ハーレーダビッドソンの店舗でお客様とチャリティーのツーリングやボウリングを企画して、会費を５００円ずつ多めにいただいて、そのお金で施設に車イスを寄付したり。地域清掃活動、献血活動、ベルマーク集めなどこれまで多くのことをしてきました。

寄付金を集めるためにフリーマーケットに参加したとき、「いいことをしてるねえ」と話しかけられたり、テレビに出てチャリティーコンサートをPRしたときも「いいことをしている会社だね」と声をかけられる。人からそのように褒められると、いい気持ちになるものです。

そういえばこんなこともありました。フリーマーケットのとき、一度値切って買われた人が再度バルコムの出店区画を通りかかったとき、バルコムが社会貢献活動で出店していることに気づいて、「いいことをしていますね」と値切ったお金の差額分を追加で支払っていただいたこともありました。その場にいた社員たちは、とても感動していました。

人や町のために社会貢献活動に取り組み続けると、やはり人の心は豊かになってきます。会社とは仕事のやり方、お金の稼ぎ方を教えるだけの場所ではありません。仕事を通して、社員の心を豊かにするためにあるのです。バルコムの社員は、心の豊かな人の集まりであってほしいと思っています。

「お金」について

自分のお金も会社のお金も一緒

「自分のお金ではなく、会社のお金だから慎重に考えない。無駄遣いすることもある」。これではいけない。会社のお金は、自分のお金のように大事に使わなければなりません。

たとえば、会社で買ったボールペンが手元になくなったとき、普通の顔をして、またすぐに会社の新しいボールペンを使う。果たしてこれでいいのでしょうか？自宅で自分のボールペンをなくした場合であれば、普通は探すでしょう。「ボールペンを買うお金を、自分のお金と同様、大事にしましょう」と私は言いたいのです。

一番嫌いなのは予算を余らせないために、何かを無理して購入すること。他の会社のことですが、「交際費が余ったら来年の予算が削られる」と言って、友達とのプライベートな食事なのに領収書をもらう姿を見るとガッカリします。自分のお金だったら、そうはならないでしょう。「いまは貯金をしておこう。次に何か必要なときに使おう」となるのが、普通の感覚です。

つまり、「会社のお金も、自分のお金のように使う」。ただそれだけで、お金は正しい使い方ができるのです。

赤字に慣れず、1円でも利益を出す

「1円でも利益を出す」。こうした考えが私にはあり、父が亡くなって、私が28歳でバルコムの経営を受け継いでから、バルコムを一度も赤字にはしていません。

利益があまり出そうにない兆しがあれば、私は徹底的に経費を削ります。いろんな新規事業に投資した年であっても、「今年は赤字でも仕方ないだろう」とは考えない。なんとか黒字にするために、経費を徹底的に抑える。何かビジネスを新しくはじめたら、どんな事業であっても、1円でも利益を出すということを習慣にするために。一つ一つの取引で必ず1円でも利益を出す。一つ一つの部門で必ず1円でも利益を出す。一つ一つの拠点で必ず1円でも利益を出す・・・そういう気持ちが大切なのです。今回は赤字でもいいといった安易な気持ちに決してなってはいけません。

会社ができたばかりで余裕がない頃は、新規事業に対してはこの考え方で正しいと思うのですが、会社に余裕が出てきたら、将来のビジネスを大きくするための準備をしておくために、新規事業に、計画的に先行投資をすることで赤字になる部門が出ることもあるかと思います。将来成長するために、新規に立ち上げた部門の赤字はやむを得ないこともあるでしょう。

経費の1円から社内申請

経費の削り方は簡単です。大きい会社は現実的に難しいかもしれませんが、「経費1円から申請」にすればいい。しかも、申請先は「社長」。会社全体の経費申請をすべて、社長に集中させます。

これで無駄遣いは一気になくなります。ボールペンもトイレットペーパーも、一つ買うのに社長申請が必要になる。誰もがパッと見で必要なものだけが申請に上がってくるようになります。もちろん、私に上がってきた申請はすべて目を通してチェックした上でＯＫを出します。すべてをＮＧにするわけではありません。そのときどうしても必要なものは当然ＯＫを出します。

赤字の危険があるときは、社長がここまでやる。そうやって、経費に対する、赤字に対する社長の本気度を示す必要があるのです。

利益が出ないときは、まず役員報酬を下げる

２００８年のリーマン・ショックのとき、役員報酬を思い切ってカットしました。取締役は４割、専務は５割、そして社長である私は６割をカットしました。私のこの決断に納得できず、退職した役員がいました。

会社の重要ポジションにつく人が辞めてしまうほどの決断でしたが、私に言わせれば役員報酬のカットは当然のことです。社員たちになるべく迷惑をかけないよう、その前に経営陣が責任を取る。その姿を見せないと、社員はついてきてくれないでしょう。会社が大変なことになったら、まずは社長自らが役員報酬を下げる覚悟をもっておく。バルコムの場合、そのときは役員の交際費や会議費、出張の日当などすべてゼロにしました。

こうした決断により、リーマン・ショックのダメージを抑え、無事にバルコムは少しですが利益を出して黒字を維持することができました。いまでも業績が下

がる気配を少しでも感じたら、不安でたまらなくなり、すぐに私の役員報酬を下げたくなります。

会社を良くするには税金を払う

私の若い頃、まわりに「税金を払うのがもったいない、バカらしい」と言っている先輩経営者が何人もいました。ありがちなのが「税金を払うぐらいだったら、何かを買って経費で落とした方が得だ」という人。利益が出てお金が余ったからといって、無駄な交際費に使ったり、必要のないものを買い替えたりしてお金を使う。そうしてできるだけ税金を払わないようにする。こういう無駄遣いは絶対にやめるべきです。

なぜなら、会社をより良くするには、利益をしっかり出して、税金を払うしかないからです。

私は「会社をもっとより良くするにはどうすればいいいか?」といつも考えてい

ました。考えれば考えるほど、利益を出して税金を払った後のお金を内部留保して、それを積み重ねていくしかないことに気づきました。

そうして自己資本比率を高くしていかないと会社の価値は高く評価されません。評価されなければ、次の一手を打つための大きな資金調達が難しくなり、会社の成長は鈍化します。バルコムでは、初めて税金を1億円納めたときには、全社員で1億円納税のお祝いのパーティーをしました。そして、そこで納税をなぜしなければいけないかを全社員に理解してもらいました。

バルコムの自己資本比率は10％前後あり、社員のみんなが安心して働ける安定経営を続けることができています。だから毎年、会社を成長させることができている。いま、バルコムは自己資本比率40％をめざしてがんばっています。

「税金を払うのはもったいないから、お金を使う」。これは、安定経営の視点から見ると真逆の危険なやり方なのです。

次年度の事業計画の準備

ＪＣ（青年会議所）と、地域社会で奉仕活動をするロータリークラブでの活動経験を通して、私は多くのことを学びました。その中の一つが、事業計画を早めに準備すること。ＪＣもロータリークラブも、さまざまな大きな地域活動に取り組みますが、その活動は多忙な経営者たちが集まって行うため、次年度の事業計画を早めに立てているのです。

次年度がはじまる半年前から計画を練りはじめ、次年度の人事が決まっていき、次年度の１～２ヵ月前には事業計画を完成させている。だから、新しい年度に入ったとき、スムーズにみんなでスタートを切ることができていました。

早めに事業計画を立てるメリットを知った私は、このやり方をバルコムに取り入れました。まず、バルコムの次年度に対する私の所信を発表し、各部門責任者が方針、目標数字、目標達成のための具体的展開項目などをまとめ、事業計画書として関係者に配布。全社員たちが一丸となれるように進むべき方向を示し、目標を視覚化させせました。

バルコム設立30周年のときの事業計画書を見ると、冒頭部分に私はこう書いていました。

「設立30周年を終え、50周年に向けて新たなスタートを切りました・・・」。

あれから20年がたち、50周年を迎えることができました。しかも当時より、会社は大きく成長しています。これは事業計画書を早めに準備し、ブレない経営を実践することができていたからでしょう。

事業計画書は少しずつ体裁を変えていき、できるだけ理解しやすいようシンプルにまとめたり、みんなが肌身離さず持ち歩けるよう、小さいタイプの冊子にしたりしてきました。最近は、いつでもどこでもパソコンやスマートフォンで見られるようにしています。

地域活動を行うＪＣやロータリークラブなどの団体が早めに事業計画を立てているのに、命をかけて商売をしている会社組織が、事業計画を早めに作らない。次年度がはじまる直前に切羽詰まって作る・・・。もしそのような状況だったら、早めに事業計画を立てる習慣をつけましょう。私は素直に学んだことを取り入れたことで、バルコムを成長させることができました。

経理は、足し算と引き算

「経理は難しそう。自分にはわかりそうにない」。そう勝手に思い込んでいる経営者が多くいます。しかし、経理とは数学ではありません。算数です。数学のように難しいものではありません。その程度であるにも関わらず、経理という言葉を聞いただけで、経理を苦手に感じている。そのため、経理のことがわからないまま経営をしていることがよくあります。

しかし、経理がわからなければ、経営者が会社の経営状態がわからず、何も見えず、何もわからないままで会社を経営することになります。毎月数字をチェックしていたら、危険を察することもでき、今後の対策も打てます。経理を知ることは、経営を知ることなのです。

「経理＝難しい」と思い込む必要はありません。書店に行って、難しい簿記の本を読む必要もないのです。簡単に読める『簿記入門マンガ編』で十分です。もし経理を勉強するならその程度で結構。読み切るのに1日もかからないでしょう。自分が経理の実務をする必要はなく、経理の仕組みを知っておけばいいだけ。それだけで、会社の経営を数字で理解することができます。

今回、本書巻末に特別付録「誰にでもわかりやすい！　経営者が知っておくべき経理の見方」をご用意しました。10分もあれば読めるように、ポイントをおさえてわかりやすくまとめましたので、ぜひご一読ください。

暗闇の旅行

このエピソードは、私が経営者のみなさんを前に講演したとき、最も共感してもらえる話です。経営者でなければ、実感できない話かもしれません。

暗闇の旅行――。これは私が社長になってから3年後、35、36歳のときの出来事。バブル時代の頃で、バルコムは銀行から約20億円の融資を受けていました。約20億円の金利として支払っていたのは1年間で9800万円。その金利が急に上がり、翌年は1億8000万円になりました。さらに、その翌年は2億円もの金額に・・・。

私はそれまで持論がありました。「人生何事もがんばったら勝てる」と。私の人生は、これまでがんばってきた人生である。だから勝てている、と信じていました。

野球をがんばりました。中学のときも、高校、大学のときも。私ががんばっていたから、中学のときは2年生からレギュラーになり、キャプテンをやった。キャプテンには高校のときも大学のときもなった。がんばったから簿記1級が取得できたし、がんばったから広島大学に現役合格することができた。

広島大学硬式野球部でも、広島マツダ野球部でもすぐにレギュラーになれたのは、私ががんばっていたから。がんばったから、広島マツダでトップセールスになることができた。

特に死ぬほどがんばったのは、広商野球部の３年間と、１日16時間の受験勉強を８月１日から毎日続けた大学受験のときです。あの広商野球部１年生のときの地獄と比べたら、すべてのことがラクなもの。そう確信していました。

がんばったら、がんばったら必ず勝てる。絶対に勝てるはずだ――。

しかし突然、約９０００万円も金利が跳ね上がりました。９０００万円なんて金額、これまで利益を出したことが一度もないのに。

私が何かやらかしてしまったのでしょうか。私にがんばりが足りなかったのでしょうか。いや違う。日本銀行の総裁がひと言何かを話しただけで、公定歩合が１％上がり、金利が１％ごとに２０００万円も上がっていったのです。しかも湾岸戦争がはじまり、また公定歩合が１％上がり、最大で２億円まで上がりました。

自分の関係のないところで、会社の利益が大きく左右される。私自身が「がんばる／がんばっていない」という話とは、全く関係のない世界の出来事が、突然、私たちを猛烈に襲ってくる。

自分の思い通りにならない世の中が怖くて怖くてたまらなくなりました。私の目の前に広がるのは、真っ暗闇。足元には確かに地面がある。でも、一歩を踏み出したところに、地面があるかどうかは全く見えない。見えない奈落の底が広がっているのではないか？　とにかく真っ暗闇。そこに存在しているだけで恐怖心が広がっていく。

生きていることが怖くて怖くてたまらなくなりました。

いまわかっているのは、自分が真っ暗闇の中に立っていることだけ。すると先に何か、どんよりした場所があり、よく見るとホールが見える。そこに行くと、ラクになれそうな気がしました。

「あ、あそこが自殺する人が行く場所なんだ」。

自殺する人は、勇気があるからではないんだ。ラクになるために、そのホールに行くのだろう。そのとき、そう思いました。

誰にも会いたくない。生きているのが怖い。そんな毎日が1ヵ月ほど続きました。

夜は部屋の隅っこで、頭を畳と壁の角にこすりながら一人でワンワンと泣いていました。怖い。生きるのが怖い――。

会社に来ても、来客用ソファにずっと座っているだけ。「人生はプラス思考」と大声で言っている私ですが、私の人生で唯一のマイナスなことばかりを考えていた時期でした。ふと頭の中をよぎるのが、一歩踏み出したら、奈落の底に落ちてしまうのではないかという恐怖心。

どうしても出なければならない会合にだけは顔を出していましたが、「どうした？　珍しく元気がないのう」と言われていました。「そんなことないっす」と答えていましたが、心の中は恐怖でおびえていました。

そんなある日のこと、以前お世話になっていた、ある保険会社の課長が転勤先から広島に来ており、一緒に食事をすることになりました。私はバルコムの社員を一人同席させました。

その席で「いま、バルコムは支払金利が上がって大変な時期」と正直に話しました。そうは言いながらも、その年は利益をきちんと出していましたが、金利がどこまで上昇するのか不安しかありません。

そして、バルコムのグループ会社の話題になり、こちらは安定して黒字を出すのが難しい状況であることも話題にしました。すると、私が連れて行った社員がこう言いました。

「私がバルコムから、そのグループ会社に行きましょうか？」。

バルコムがいくら大変とは言っても黒字であり、一方、そのグループ会社は安定して黒字化できない状態。そこに自ら「行きましょうか？」と言ってくれる部下がすぐ横にいる。

私は考えはじめました。「営業力のある彼がそのグループ会社に行ってくれたら、いまの弱いところがプラスになり・・・。で、こうして、ああして、こうしたら利益が出るかもしれない・・・」。

どうやったら儲かるのか？　そう考えているうちに、私の思考回路がプラス方向に一気に転換しはじめました。真っ暗闇の場所がうっすらと明るくなっていき、少しずつ小さな道が見えはじめてきました。

「よし、この道を進めば、たぶんメイン道路にもつながっているだろう」。私の頭の中で、絵（ストーリー）を描くことができたのです。

「バブルという怪物に対して、山坂の経営手腕で勝負してやろう。これなら私は勝てるはずだ――」。

とにかく早く戦いたい。うずうずして仕方なくなりました。いつの間にか私は、「暗闇の旅行」から戻っていました。このとき戻って来られたのは、自分の中のスイッチがマイナスからプラスに切り替わっただけだったのです。

気づけば確かに、バルコムは赤字を出していないのに、それまで私が見ていたのは後ろばかり。恐怖心のあまり、マイナスなことばかりを考えていました。そのとき病院に行っていたら、うつ病と診断されたかもしれません。

人生の先輩たちの中で、経営がうまくいかなくなり、自殺された方が何人かおられます。借金が、自分の生命保険で返済できるくらいの金額だったようです。

経営者とは本当に孤独です。私がそうならずに済んだきっかけは部下の一言。そして、私が超プラス思考だからでしょう。

このエピソードを生涯忘れることのない経験にするため、私は「暗闇の旅行」と名づけました。ぜひ、経営者のみなさんに知ってほしい話です。

「あのイケイケどんどんの山坂でさえ、あんなマイナス思考な時期があったんだ」。このエピソードを講演会で話すと、興味を持って身を乗り出して耳を傾けたり、妙にホッとされたりする経営者が多く見られます。これは会社を経営していると誰にでも起こりうることなのでしょう。

それにしても私は、この経験ですごく強くなりました。何があっても怖くなくなりました。だから、もし同じような境遇になったら、ぜひ、逃げずに現実と戦ってください。そして恐怖を感じてしまう自分がいたとき、決して自分自身を責め立てないようしてください。スイッチを、マイナスからプラスに切り替えるだけでいいのです。

「考え方」について

ひとつのハードルを越えられると、ハードルが高くなっても、また越えられる

「これはさすがに難しいかもしれない。自分にはハードルが高すぎる」。

会社経営をする中、そう感じた経験がある経営者は多いと思います。そのハードルに向かって走り出し、一気に飛び越えるのか。もしくは走り出すのをやめる

のか。その判断はそのときの状況によるかと思いますが、一度はなんとか飛び越えてほしいものです。

なぜなら、一度飛び越えたハードルは、次は実に軽やかに飛び越えられるからです。しかも、さらに高いハードルへ向かって走り出すことだってできるのです。

私が社長を引き継いだ32歳の頃のエピソードです。

ＢＭＷジャパンから、「広島県の東部、福山市に新しくショールームと整備工場を出店するように」と要請がありました。出店にかかる土地建物の投資は約１億５０００万円。私にそんなお金はなく、初めての投資なので不安が大きい。しかし、ＢＭＷジャパンからの要請を断るわけにはいかず、ドキドキ緊張しながらも銀行から融資を受け、福山市に土地を一部購入し、新ショールームと整備工場を出店しました。私は社長になって初めて、土地を購入してショールームと整備工場を建てるという高いハードルを飛び越えました。

翌年に、またしてもＢＭＷジャパンから「広島ショールームと整備工場を、もっと広くて立地のいいところに移転してほしい」と要請がありました。

1年前、福山市に出店するために、銀行から1億5000万円を借りたばかり。その直後に、33歳の若造が、さらにまた億単位の借金をするなんて普通は考えられないでしょう。私は、広島の出店は、賃貸で探すことにしました。

すると、福山に出店するときに融資してくださった銀行の担当者から「協力するから、賃貸ではなく、絶対に土地を買った方がいい」とアドバイスされ、いまの本社（広島市安佐南区中筋）の土地を見つけました。

この土地は国道沿いで、山陽自動車道の広島インターに近い絶好の立地でした。しかし、ショールームを建てるのに必要な土地は、通常500坪は必要なのに、そこは217坪しかない。土地代は5億円弱かかる。

もう一つの移転先候補であった広島市南区東雲の土地は400坪ありましたが、土地代は10億円もかかる。どうしようかと悩んでいたら、神戸の知人社長から「山坂さん、土地が狭かったら上に伸ばせばいいんですよ」と言われ、現在の場所に3階建ての本社とショールームと整備工場を構えることにしました。

このときの投資は、土地代の5億円弱と3階建ての建物を新築するのに合わせて８億５０００万円ぐらい。つまり、私は、福山ショールームの出店と広島ショールームの移転費用を合わせ、２年で約10億円もの借金を背負ったわけです。

この決断によって「暗闇の旅行」（第３章）も経験しましたが、結果的には大正解でした。もし、福山への出店を拒否して、銀行から１億５０００万円のお金を借りる経験をしなかったら、いまの本社はなかったでしょう。土地を買ってショールームと工場を建てるという経験を福山でしていたことで、次に同じことをするのに、その金額はかなり大きくなりましたが、意外にやりやすかったのです。また、１回目の融資があったからこそ、銀行からの信頼も得られたのではないかと思います。１億５０００万円の投資経験がなく、最初からいきなり８億５０００万円を投資することはできなかったと思います。

これは一度チャレンジして達成すると、そのとき経験したことが勉強になって心の大きな支えになり、次に同じようなことをチャレンジするときには、いかに大きなチャレンジでも達成しやすくなるエピソードのひとつです。

流れに身を任す

福山と広島の新ショールームを建てるにあたり、33、34歳にして約10億円もの借金を一気に抱えたエピソードを書きましたが、これはこの「流れに身を任す」につながってくる話です。

新たに何かをしようとするとき、何か問題にぶち当たったとき。もしも、どちらに進もうか迷うことがあったとき。

そんなときは、強引にどちらかの方向に行くのではなく、じっと待ってみる。焦ってはいけません。その場でフワフワと浮かぶようにして待っておけば、自然とどこからか神様が「こっちだよ」と呼んでくれるような気がしています。

立ち止まって待っていたら、少しずつ人や環境などさまざまな外的要因が動いてくる。そのとき、どっちに進めばいいのか見えてくることでしょう。どちらに進めばいいのか神様が呼んでくれるまで、決して焦らず、じっと待っていればいいのです。ここで言う神様とは、さまざまな外的要因のことです。

無駄が生きる

人生に無駄なことはありません。いまの時代、効率さが求められすぎて、一見、無駄であることを避けすぎです。効率的にモノが売れることなんてあるのでしょうか？　そこで汗をかいて努力したり、頭を使って工夫したりするからこそ、人は成長し続けるものだと私は考えます。回り道をすることなく、楽勝でゴールに到着する。そんな人生は楽しいでしょうか。無駄が生きることは、実にたくさんあるのです。

無駄が生きるのは、現場の営業マンでも言えることです。効率的な営業を考えれば、確かに決定権者とすぐに会って営業した方がいい。しかし、決定権者にいつもすぐに会えるとは限りません。効率的な営業ばかりを考えていると、決定権者に会えないからと言って、すぐにあきらめるかもしれない。

一見、無駄であっても、お客様のところに足を運ぶ。すると決定権者に会えるかもしれない。ほとんど会えない人であれば、名刺と一緒にメッセージカードを書いて残しておく。会えないかと思ってもそれを10回ぐらい続けていると、実際に会えたときに「いつもずっと来てくれてありがとう」となる。無駄に思える行動でも、いつか生きてくるのです。

私だってそうです。まわりから見ると、私は社長としてずいぶんと無駄な経験を、失敗を、積み重ねてきたと見られているかもしれません。クルマ、バイク、飲食、旅行、不動産などさまざまな事業を成功させてきましたが、失敗した事業も実はたくさんあります。

スポーツジム「アスリート」（広島市中区）を友人と作ったのですが、私自身の給料は一度もとることなく、友人に譲渡しました。さまざまな外国メーカー（シトロエン、サーブ、プジョー、ロールスロイス、ベントレー、フェラーリ、アルファロメオ、ジャガー、クライスラー、ヒュンダイなど）のクルマ販売を手がけましたが、うまくいきませんでした。初めて中国の上海に進出したときは、日本人詐欺師にだまされて１億２０００万円を損失しました。中国は会社を畳みにくい制度ですが、それでもなんとか会社を整理して帰国しました。

私は超プラス思考です。「私は何も悪いことをしていないのに、神様はなぜ、こんな目にあわせたのか。これはおそらく次に何かがある。そのための準備をしておけ、ということなんだ」。そう受け止め、一見すると無駄なことであろうが、そこで学びがあり、次のための布石になっているのだと思い続けてきました。

「山坂哲郎のキーワード2・プラス思考」でも書いたように、中国ビジネスで言えば神様は次のときのために、あのような試練を与えてくれたのでしょう。1億2000万円は決して無駄ではないはずです。私は5年間、中国語を学び続け、片言の会話はできるようになっていました。すると広商野球部の大先輩から相談が入り、先輩の息子さんの協力で山東省に会社を作りました。そうして再び、中国でビジネスにチャレンジしています。決してあきらめることなく。

ヒュンダイの代理店ビジネスがうまくいってなかったとき、「これを続けるぐらいだったら、広島県外にBMWのショールームを出店した方がいいだろう」ということに気づき、ヒュンダイのショールームを閉め、山口県にBMWのショールームを出店。ヒュンダイの代理店ビジネスという全く儲からない、一見無駄なビジネスをしたおかげで、バルコムの県外拡大のきっかけになりました。

無駄が生きることなんて、たくさんあります。いやそもそも、無駄なんてものは、この世にはないのです。

採用と教育の基本

自分はずっと野球をやっていましたが、企業にとって採用とは、甲子園をめざすチームづくりに似ています。本気で甲子園に出場するチームを作ろうと思ったら、まずは、いい選手を勧誘することからはじまります。

しかし、いい選手は各チームから引っ張りだこです。全国の野球部から声がかかる。だから、「うちの野球部にぜひ来てほしい」とこちらから積極的に声をかけなければ、自分たちのチームに入ってもらえません。つまり、いいチームを作ることが難しくなります。

企業の採用も同じです。いい企業にしようと思ったら、まずは、いい人材を採用しなければなりません。しかし、いい人材は野球と同様、さまざまな企業から引っ張りだこです。

それなのに多くの採用担当者は、自分たちがいい人材を選ぼうとしている。これは大きな勘違いです。自分たちは、いい人材から選んでいただく立場なのです。「うちの会社で働かせてやるよ」と企業側が選べるような人材は、いい人材とは呼べないような人です。

つまり、いい人材に入社してもらうための採用活動で最も大事なこと、それは「自分たち企業側が選ばれる立場である」という気持ちを持つことなのです。どうすれば、「この会社で働こう」と自分たちの会社を選んでもらえるのか？　それを徹底的に考える必要があるのです。

だから採用活動中は、すべての社員一人一人の対応が大事になってきます。採用に関する問い合わせが入ったらすぐに答えたり、丁寧な言葉で話したり、会社説明会、面接などすべての場面で、会社の良さをとても強くアピールしなければなりません。

いい人材が集まらないということは、いい会社にすることができないということ。いい人材に選んでいただけるような採用活動をしなければなりません。

ただし、いい人材を獲得すれば、それで大丈夫なわけではありません。野球でいえば、いい選手が集まったからといって、当然のように甲子園に出場できるかというと、そうではないでしょう。ものすごい練習が必要です。

これは企業でいうと教育です。社員を成長させなければなりません。社員全員が受けるべき、教育研修を用意しておいた方がいいでしょう。

しかし、集合研修だけでは、もはや限界があります。社員はそれぞれ長所短所が違うから、一人一人に合わせた教育が必要となってきます。

こうした考えがあり、バルコムの場合、個人別の教育プログラムを取り入れています。一人ずつの長所・短所を把握しながら、「手取り足取りマネジメント」と呼んで、一人ずつ個人別に丁寧に教育しています。どうやって強いところを伸ばしていくのか、どうやって弱いところを補っていくのか。それは座学もあるけれど、より実践的な力をつけることができる現場でのＯＪＴ（オン・ザ・ジョブ・

トレーニング）を重要視しています。できれば、現場では一人に対して一人のコーチ役がいれば最高の体制だと思います。

いい人材を採用し、一人一人に合わせた教育を行い、社員みんなを成長させていく。成長するための手助けをするという気持ちを持って、一人一人を教育する。これは強い企業にしていくための大事な考え方の一つです。

完全・絶対・徹底

何事も「完全」「絶対」「徹底」を心がけることが大事です。人間は弱いから、「だいたい」とか、「まあまあ」とか、「ほぼ」のような言葉をよく口にしてしまいます。「完全」「絶対」「徹底」を習慣化するためには、あいまいな言葉はなるべく使わない習慣にした方がいいでしょう。

たとえば締め切り日を決めるとき、「だいたい○日頃までに・・・」ではダメです。「○日までにやろうと思います」もダメ。「絶対に○日までにやります！」と言うこと。

「だいたい」「まあまあ」「ほぼ」という言葉は自分の中からなくし、「完全」「絶対」「徹底」という言葉を意識して使うようにしましょう。「完全」「絶対」「徹底」という言葉を口にすることで、自分の本当の考えになっていきます。その繰り返しが、バルコムの社訓である「限りなくベストに近いベター」が意味するところの「決してあきらめない完全主義」につながってきます。

私がまわりから「すごいのう」と言われるのは、徹底している部分です。「完全」「絶対」「徹底」、または「とことん」「必ず」という言葉をよく使います。「だいたい」「まあまあ」という言葉は使わないように意識しています。

仕事は死に物狂いでやり、きちんと儲けること

仕事とは、とにかく死に物狂いで、とことん徹底的に取り組むべきもの。そして、本当に死に物狂いでやった仕事であれば、絶対にたくさん儲けるべきである。私はそう考えています。

「仕事をボチボチやって、利益はトントンでいい」。こういう仕事のやり方もありますが、私の場合、死に物狂いで働き、たくさんの利益を出すことをずっと大事にしてきました。

死に物狂いで取り組んだ仕事なのに、利益がトントンとか、ちょっとしか利益が出ないのだったら、その仕事はさっさとやめた方がいいでしょう。別の仕事で、死に物狂いでがんばるべきです。死に物狂いでとことんがんばり、そうして大きな利益を出し、給与をたくさん持って帰ってほしいものです。

ビジネスにはコツがある

ビジネスを続けていると、儲かるコツがわかってきます。たとえば私であれば、カービジネスのコツがわかってきました。カービジネスで特に大事なこと、それは商品の在庫管理で、特に中古車の在庫管理です。なぜなら、中古車は入庫したそのときから、毎日価値が下がっていくものだからです。私が若い頃、ある大手ＢＭＷディーラーの社長から「山坂さん、中古車ビジネスに手を出したらダメでっせ。日なたに氷だから」と言われたことがあります。日なたに出した氷はすぐに溶けはじめ、次第に価値がなくなっていきます。それと同様、中古車は登録した瞬間から価値が下がっていくため、ビジネスにはなりにくい。その社長はこうした考え方から、私にアドバイスされたのでしょう。

しかし、私は違う考え方をしています。中古車はきちんと在庫管理をしておけば大丈夫であり、それがコツなのです。そして、次の中古車ビジネスの大きな利益の源になるのです。ほか、部品の在庫はデッドストック（使用できなくなった部品）をなくすことも大事です。

次に、売掛金の管理をきちんとして、売掛金をなくすことです。特に整備サービス関連の売掛金は件数が多いので、修理して納車した後は、すぐに現金かクレジットカードで修理代金を支払っていただく。そうしなければ、会社のキャッシュが少なくなってきます。お金を支払っていただいていない状態とは、信用調査もせずに、修理代金をお貸ししたままの状態が続いていることと同じです。

飲食ビジネスの場合のコツは、ＦＬコストを60％以内に抑えることだとわかりました。ＦＬコストとは、フードコスト（食材原価）とレバーレイト（人件費）のことです。できれば、58％以下にする。店舗の賃料は売上の10％以内、できれば８％以内がいい。

その上で、きちんとした料理を出し、お客様が満足するメニュー構成にすることです。あと、決して立地は間違えてはいけません。立地が悪いと、メニュー構成を良くしても、来店数はなかなか増えません。

ある程度ビジネスを続けていたら、コツがわかってきます。早く、そのコツをつかめるようになりましょう。

信用がつくと、見える世界が変わってくる

ビジネスを続け、信用がついてきたら、ある時期から見えてくる景色が変わってきます。自分のできることが変わってきます。

最初、自分に信用がない頃は、いまあるビジネスを成功させるための資金を調達することで目いっぱいだったのが、余力の資金を借りることもできてくる。そうなると、次のビジネスが考えられるようになってきます。ビジネス拡大のために不動産を借りるときもそう。信用がないときはなかなかいい物件を借りられませんが、信用がついてくると、相手の方から「借りてください」となる。全く景色が変わってくるのです。これまでは目の前のことしか見えなかったのに、信用がつくことによって、ビジネスの視野が全国や世界へと広がっていきます。

自立と自発

仕事は、自分で考え、自分の意思で行動するからこそおもしろい。人に言われてやる仕事もありますが、そんな「やらされ仕事」ではおもしろくありません。人間は決して、ロボットのようになってはいけないのです。

「なぜ、この仕事をやるべきなのか」「どうすれば、もっと効率的にできるようになるのか」。自分の意思を持って仕事に取り組み、自分でとことん考え、もっといい新しい方法を見つけていく。その方法を上司に提案して受け入れられたら、今度はそのやり方で最後まで徹底的に自分でやり切ってみる。そこに、仕事のおもしろさがあるのです。

これは、第3章「方向が同じであれば、枝葉は違ってもよい。考える力を身につける」につながる話です。会社と方向性が一緒で幹が同じだったら、やり方は自分で考えてもいいのです。

最近、自分で考えて行動せず、他人に頼りがちな人が増えているような気がします。そうではなく自分で考え、自分の意思で行動する。これはもう習慣にした方がいいでしょう。そうなると仕事はもっと楽しくなります。自分で考え、自分で行動する社員をどんどん育てることが大事です。

自分と同じことはできない

次に書いていることは、第２章の山坂のキーワード５「同じ人間のできることはできる」とは矛盾する話です。自分で当たり前にできることは、他人もできるだろうと思いがちです。社長である自分ができることは、社員のみんなもできるだろうと。しかし、そうではなく、ほとんどの社員ができないものです。もし、社長である自分と同じことがすべてできる社員がいたら、その人は社長になっているでしょう。だから、自分と同じようにできなくても腹を立てず、社員一人一人を指導していかなければなりません。自分では簡単に思うことが、「なんでできないんだ」と思ってしまうのは大きな間違いです。

だからそのときは、「できないのは当たり前。だから社長にならずに、私の会社に勤めてくれているんだな」と思いながら社員一人一人に繰り返し繰り返し指導をする。そうして、その人ができるようになるために手助けをしていくことが大事なのです。

お客様はユーザー貯金

私は、「お客様」と「いまからお客様になるかもしれない見込み客の方」を、お金と一緒だと思っています。多くの人は、自分ではお客様をきちんと管理しているつもりであっても、実際はザルの中に入れている。だから、すき間からボタボタとお客様が落ちていき、気づくとせっかくのお客様が減っている。

なぜ、大事なお金をきちんと銀行に預けるように、お客様をきちんと大事にしないのか。銀行に預けておけば、利息も付いてきます。バルコムでいうと、クルマを買っていただいたお客様をきちんと管理して大事にフォローしておけば、今度はクルマの修理や保険といった仕事も依頼されます。クルマの代替えのときは、バルコムで買っていただく可能性が高くなる。その上、お客様の紹介でクルマを買っていただけることもある。これほど多くの利息を生み出す貯金になるのです。

そういう気持ちでいれば、絶対にお客様を減らさないためにはどうフォローすればいいか、と考えるようになります。そうして、お客様が減らない方法も見えてくることでしょう。お客様はザルに入れるのではなく、ちゃんとした銀行に貯金しましょう。そうすればお客様は減ることもなく、いろいろな利息を生んでくれるのです。

クレームはチャンス

バルコムではクレームが起きたときの報告を「チャンス報告」と呼んでいます。

普通、お客様からクレームがあると逃げ出したくなるものです。特にクルマが故障したときは、自分は何も悪いことをしていないのにおわびしなければならない。クレームになったお客様に、簡単には許してもらえないときもあります。

しかし私はそんなとき、逃げ出すのではなく、「ラッキー」と思うようにしています。それはこのクレームを解決すれば、このお客様とさらに仲良くなれるチャンスになると考えているからです。大きなクレームなら3ヵ月の間、毎日、おわびに行けばいいと思って対応します。すると、ほとんどのお客様は3～10日ぐらい毎日おわびに行けば許してくださり、お客様ともより良い関係になるものです。クレームが起きたときは、「やったあ、チャンスだ」ぐらいに思って、お客様と対応するようにしましょう。そうすれば一生のお客様になっていただけます。

違い・差別化・らしさ

自分たちの会社が、競合他社と比べて何が違うのか、何が差別化されているのか、自分たちの会社らしさとは何なのか。これは社員みんなで考えなければなりません。

たとえば、バルコムのクルマ部門だったら、お客様がショールームに入ってこられた瞬間、どうすれば「バルコムはやっぱり違う」とお客様に感じていただけるのか、他店との違いを感じていただけるのか。それらを考えておくことが大切になってきます。

ショールームに来られて最初にあいさつするとき、クルマの説明をするとき、見積もりのとき、契約するとき、納車のとき、修理のとき・・・。それぞれの場面でどのような対応をすれば、「バルコムは違う」「すごい」「他店と違う」と思っていただけるのか。その場面を担当する社員みんながきちんと考えながら働いていることが大事です。

飲食部門だったら、店に入ったときのファーストコンタクトがどう他店と違うのか、席への案内のとき、注文のとき、追加注文のとき、帰られるときの履物を出すとき、お会計のとき、お見送りのとき・・・それぞれどうすればいいのか。「どうすれば、他店よりもすごいなあと思っていただけるだろう」。そんなことを一人一人の社員やスタッフが考えて、その店らしいやり方を作っていけば、必ずすばらしいものになります。

たとえば自分たちの店に来られたお客様から、「ここはものすごく感じがいい。

どこがやってる店ですか?」と聞かれ、「バルコムグループです」と答えたときに、「やっぱり、バルコムグループだったんですね」と言われるようになりたいものです。違い・差別化・らしさを作っていきましょう。

結局のところ、自分で決めたらできる

売上目標を立てたとき、社員たちが「これ、すごい目標数字だな。達成できるかな?」と不安に感じることがあります。そんなとき、私はこう言ってきました。「必ず達成できる。絶対に達成できる。その理由は、私が決めたからだ」と。

自分の中では、どうすれば達成できるのか、その道筋をいろいろと細かく考えています。しかし、その考えをわかりやすく説明する前に、ニッコリした顔で「これは絶対にできる。なぜなら、私が決めたからだ」と言った方がいい。社員たちもできそうな気がしてくるものです。それは、これまで決めた目標は必ずといっていいぐらい達成しているからです。

それでも社員たちが不安そうだったら、こうやったらできるだろ、と根拠のある目標達成の道筋について説明すればいいのです。「社長が決めたことは必ずできるのだ」と思ってもらうことが大事なのです。

仕事は楽しくなければならない

私が第3章の締めくくりで最後に言いたいのは、「仕事は楽しくなければならない」という言葉です。

仕事は、つらいときもある。厳しさを感じるときもあることでしょう。しかし、それでも私はこう考えるのです。仕事は楽しくなければならないと。そのためにも、ぜひ、やりがいを持って仕事をしてほしいのです。

自分で目標を立て、絵（ストーリー）を描いてチャレンジする。そして、目標に達成した感動を味わう。自分で考え、自分で行動する楽しさ。仕事を通して、この楽しさを味わってください。

特別付録

誰にでもわかりやすい！

経営者が知っておくべき経理の見方

経理は足し算・引き算です。だから難しく考える必要はなく、簡単なものです。経営者として大事なのは、「貸借対照表（バランスシート）」「損益計算書」「キャッシュフロー計算書」。経営者はこの3つがわかれば十分です。

貸借対照表（バランスシート）について

まず、「貸借対照表」。これはバランスシート（略称B／S）とも呼ばれます。「貸借対照表」は、自分の会社の財産と、その財産を買うためにどういうお金で買ったのかがわかるものです。

「財産」のことを、「資産」と呼ぶことが一般的ですが、「財産」と言った方がわかりやすいでしょう。財産とは、現金、預金、土地、建物などがある。機械や備品がある。商品がある。あと、ちょっとわかりにくいのが、「売掛金」。これは、売ったものの対価をもらう権利（債権）であり、現金にはなっていませんがこれも財産に入ります。

もう一つ、「貸借対照表」からは、その財産がどういうお金で構成されているのかがわかります。

「資本金」というのは、ビジネスの元手になる自分の会社を設立したときの出資金です。

次に、自分たちが利益を出して納税後に残ったお金の貯金を「利益剰余金」と呼びます。この「利益剰余金」と「資本金」を合わせたものが「純資産（自己資本）」です。

そして「負債」があります。「負債」には、借りて返さなければいけないお金と、支払わなければいけないお金があります。「長期借入金」は、銀行から借りたお金を、何年間に渡って少しずつ返していくお金のこと。「短期借入金」は、銀行にすぐに返さないといけないお金です。

「買掛金」は、商品は買っているけれど、まだ支払っていないお金。これは支払わなければいけないお金です
「純資産（自己資本）」は最低でも、全体の10％をめざしましょう。40％になったら最高です。

では、どうすれば、自己資本比率を上げることができるのか？　一番大切なのは、

利益を出して納税後に残ったお金をコツコツと積み重ねていくことです。「税金を支払うぐらいなら、何かを買って経費で落とそう」といって無駄なお金を使っている場合ではありません。

あと、「負債」（借入金＋買掛金）を減らせば、自己資本比率を上げることができます。そのためには、借入金の返済をしていくことはもちろん、不要な財産(資産)や無駄な財産（資産）を減らしていくことです。たとえば、使っていない土地を売却したり、多すぎる商品在庫を処分したり、売掛金を適正にするなど方法があります。これらを現金に換えれば、「負債」（借入金＋買掛金）を減らし、自己資本比率を上げることができます。

損益計算書について

「損益計算書」は、商品がどれだけ売れて、いくら経費がかかり、最終的に出した純利益がわかるものです。損益計算書の見方は、割とわかりやすいでしょう。

売上から、売上原価（仕入れ）を引き算し、その差額から経費を引いたものが利益になります。経費は人件費、家賃、水道光熱費、マーケティング費、旅費交通費などがあります。

では、どうやれば利益を出せるのか？　それは、できるだけ高い値段で売るか、たくさんの量を売るか、できるだけ仕入れを安くするか、経費を少なくする。これしかありません。

キャッシュフロー計算書について

非常に重要なのに、少しわかりにくいのが「キャッシュフロー計算書」です。企業はいくら利益があろうと、お金がないとつぶれてしまいます。黒字倒産というやつです。だから、お金がどういう動きをしているのかをキャッシュフロー計算書で見る必要があります。

毎月月末に、お金が増えたものと減ったものを出していきましょう。そうすることによって、どういう理由でお金が増えているのか、減っているのかがわかってきます。お金の増減の理由がわかるので、早めに手を打って改善させることができます。
たとえば利益が出たら、お金が増えてプラスになります。利益が出ていなかったらマイナスになります。借入金が増える。これもプラス。減価償却は無条件でプラスになります。

商品を増やせば、お金はマイナスになります。なぜなら、その商品はお金（現金）を払って仕入れたものだからです。しかし、買掛金が増えるとプラスです。モノを買って仕入れたけれど、まだお金を払っていないからです。商品が増えても買掛金が同じだけ増えればプラスマイナスゼロになります。土地など資産を買ったらマイナスです。売掛金が増えたらマイナスです。たとえばバルコムの場合、クルマを販売しても、回収できていないお金（売掛金）が増えるとマイナスになっていきます。

こうした数字の見方がわかったら、月末にお金が増えたか減ったかがわかり、マイナスに減ったときは、原因をつきとめることができます。「なんだ、売掛金が増えたからか」「借入金の返済をどんどんしているからか。だったらまた借入をしなければいけないな」ということがわかってくるのです。

あと、1ヵ月のうちに残高がもっとも少ない日を知っておくことが大事です。普通、支払日は毎月10日と20日…と1ヶ月のうちに何度かありますが、毎月、残高が最も少ない日があるはずです。そしてその日の残高、つまり、1ヵ月のうちで最も残高が少ない「最低残高」も確認しておきましょう。

簡単にまとめるとこうなります。

■**貸借対照表（略称B／S）**……自分たちの財産が、自分のお金（純資産）と、返済が必要なもの（負債）とどう構成されているのかがわかるもの
■**損益計算書**……どれだけ売れて、いくら経費がかかり、最終的な利益がいくらになったのかがわかるもの
■**キャッシュフロー計算書**……毎月の現金がどういう理由で増えたり、減ったのかの1ヵ月の動きがわかるもの

「貸借対照表」「損益計算書」「キャッシュフロー計算書」。この3つの数字がわかれば、もう経営者として大丈夫です。これにもとづいて、「資金繰り表」を作っていけばいいのです。

【図解1】理想的な貸借対照表
（バランスシート　※略称BS）

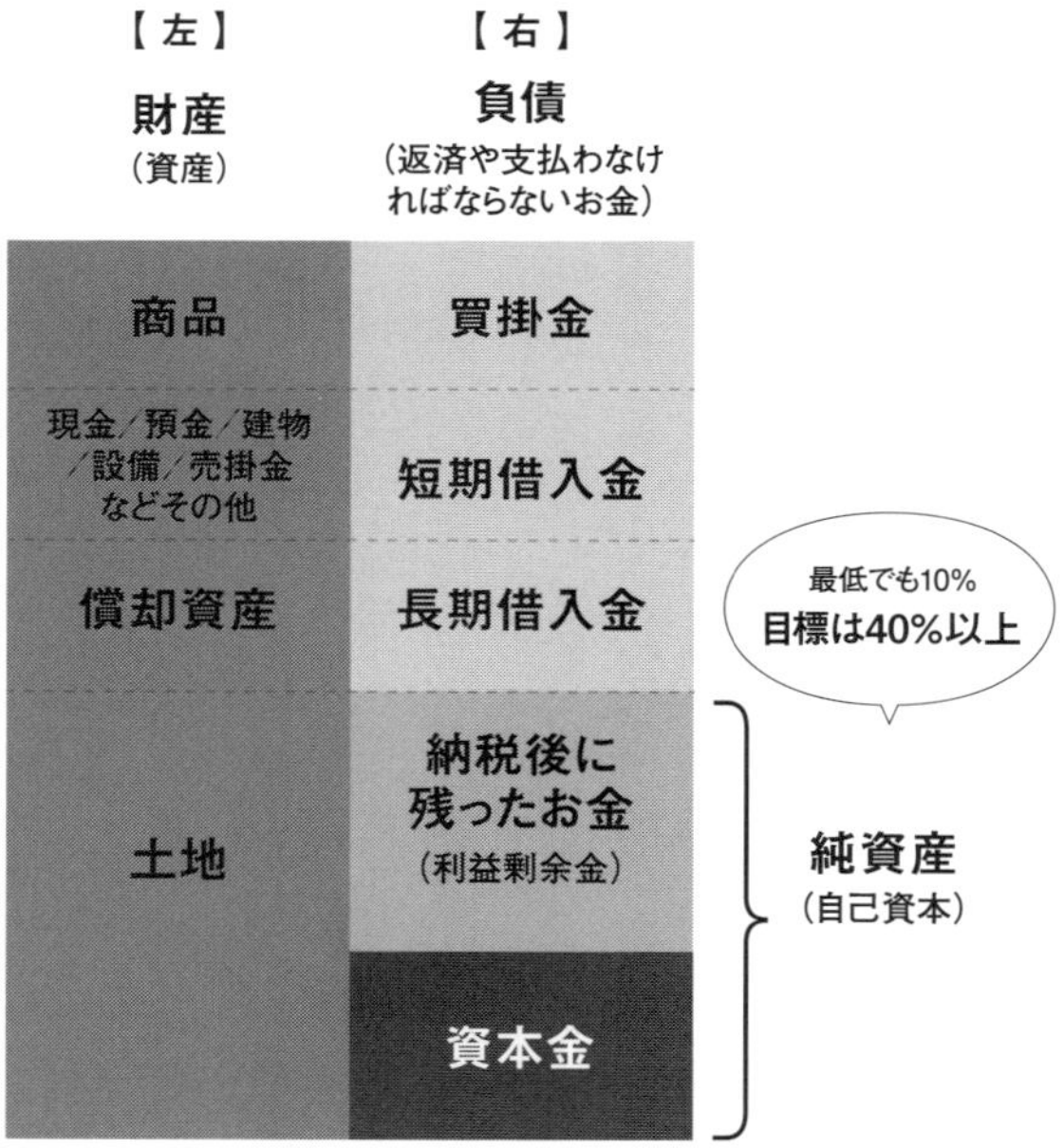

■自己資本比率を上げる3つの方法

（1）利益剰余金を毎年コツコツと積み重ねていく

（2）負債を減らす

（3）不要な財産（資産）を減らす

- ○ 遊休不動産の処分
- ○ 不良在庫の処分
- ○ 売掛金を減らす

【図解2】キャッシュフロー計算書の見方

キャッシュフローのプラス・マイナスの要因について

減価償却	無条件で	
	（　＋　）	
利　　益	黒字のとき	赤字のとき
	（　＋　）	（　－　）
	残高が増えるとき	残高が減るとき
商　　品	（　－　）	（　＋　）
資　　産	（　－　）	（　＋　）
売掛金	（　－　）	（　＋　）
買掛金	（　＋　）	（　－　）
借入金	（　＋　）	（　－　）

こうした数字の見方がわかったら、月末にお金が増えたか減ったかがわかり、マイナスになったときは原因をつきとめることができます。

あとがき

――輝いて生きる。――

私はあまり本を読みませんが、バルコムを一流企業にするために、世界的な不朽の名著『ビジョナリー・カンパニー』（著者／ジェームズ・C・コリンズ）という本を深く読んだことがあります。業界で卓越した存在であり、同業他社から広く尊敬され、そして時代を超えて永続的に続く偉大な企業（ビジョナリー・カンパニー）。そんな時代が変わっても業績を上げ続ける企業について研究された本です。この本からわかるのは、こういった偉大な企業は共通して「経営理念」がしっかりあり、会社に根づいていることです。本書でも書きましたが、私は社長になって早い段階から最も重視してきたのは「経営理念」です。それは会社のバイブルだと考えてきたからです。

バルコムの経営理念、それは「4つの満足」です。経営哲学である「幸せの実現」を理念化し、「お客様の満足」「社員の満足」「会社の満足」「社会の満足」

の4つの満足を追求することを経営上のテーマにしています。

バルコムの財産はお客様。お客様と向き合う社員も財産であり、私にとっては家族のような存在です。そんな一人一人の社員の満足こそがいい仕事を生み出し、いい仕事こそがお客様の満足を生み、それが企業の発展へとつながり、会社の満足となる。そして、社会全体の幸せにも貢献し、社会の満足を実現させることができる。この価値観はブレることなく、ずっと変わらず大事にしてきました。きっとこれからも、ブレることなく、大事にしていくことでしょう。

50周年を終え、100周年に向かうこれからのバルコムにとって、最も大事にしなければならない考え方があります。それは、社員一人一人が「輝いて生きる」ということです。

その考えに至ったきっかけは昨年末、広島大学の先輩であるヤマネホールディングスの山根恒弘会長と食事をしたときのことでした。「仕事は、人が輝いて生きるためのものでなければならない」という山根会長の言葉に、私は衝撃を受けました。

それまで私は、経営理念の「4つの満足」の中の一つである「社員の満足」について、「仕事にやりがいがある」「収入に余裕がある」「自分の時間が持てる」「社会貢献活動を通して心が豊かになる」ことだと言っていました。しかし、山根会長のお話を聞いたとき、「やりがいのある仕事」という言葉が、何かとても小さく思えました。そうして、バルコムがめざすべきは、「やりがいのある仕事」というよりも、「輝いて生きるための仕事」なのだと気づかされました。

バルコムは100周年に向け、仕事を通して社員の一人一人が「輝いて生きる」ための場所にする方向へと舵を切りました。社員の一人一人が輝いて生きるためにはどうすればいいのかを常に考えながら、これからも、これまで同様、着実に努力し続けてさらに成長していきます。

成長しようとするバルコムという存在を通して、お客様やお取引先、地域の方々、そして社員のみんなにとって、一人でも多くの「幸せの実現」に役立つことができれば幸いです。

著者紹介

山坂哲郎 やまさか・てつろう

株式会社バルコム（本社／広島市）代表取締役。1955年広島県生まれ。広島大学教育学部卒業。広島商業高校、広島大学ともに硬式野球部キャプテンを務める。大学卒業後、広島マツダに入社し、社会人野球をしながら3年目でトップセールスに輝く。その後、25歳で株式会社バルコムヒロシマモータース（現・株式会社バルコム）に入社し、1987年、32歳のときに代表取締役に就任。BMWをはじめとした人気輸入車の正規ディーラーとしてトータルなカーライフサポート事業を展開。特にBMWに関しては全国最優秀ディーラー賞を2回、全国優秀ディーラー賞を6回、顧客満足度も5年連続で全国1位を受賞。全世界約3000社のBMW正規ディーラーを対象にしたコンテスト「Excellence in Sales 2016」【セールス部門】においては、アジア・パシフィック・南アフリカ地区のナンバー1ディーラーに選出。会社設立50周年となる2017年にはアジア・パシフィック・南アフリカ地区において「Best Retailer in Customer Care」（顧客満足度ナンバー1ディーラー）に輝いた。

限りなくベストに近いベターであれ。

2019年1月17日　第1刷発行

著　者　山坂 哲郎（やまさか・てつろう）
発行所　株式会社ザメディアジョン
〒733-0011
広島県広島市西区横川町2-5-15横川ビルディング
電話 082-503-5035
印刷所　凸版印刷
編集者　佐々木 和也

ISBN978-4-86250-603-0